VOLVO

VOM SCHNEEWITTCHENSARG INS ELEKTRISCHE ZEITALTER

Notker Hilbrenner

Motor buch Verlag

Einbandgestaltung: Luis dos Santos
Bildnachweis: Die zur Illustration dieses Buches verwendeten Aufnahmen stammen – sofern nichts anderes vermerkt ist – aus dem Archiv der Volvo Cars Corporation.

ISBN: 978-3-613-04681-8

Ein Unternehmen der Paul Pietsch Verlage GmbH & Co. KG

1. Auflage 2024

Sie finden uns im Internet unter www.motorbuch-verlag.de

Lektorat: Bernd Keidel
Innengestaltung: Anna Kurz, tebitron GmbH
Druck und Bindung: Conzella Verlagsbuchbinderei, 85609 Aschheim
Printed in Slovenia

Inhalt

Vorwort

Die erste Ausgabe dieses Buchs über die Fahrzeuge der Marke Volvo hatte als Redaktionsschluss Mitte 2019. In den drauffolgenden fünf Jahren bis zum Frühjahr 2024 hat sich sehr viel bei Volvo getan, insbesondere im Hinblick auf die Elektromobilität. Zusätzlich wurde die Schwester-Marke Polestar mit eigener Strategie eingeführt. Die Darstellung dieses Zeitraums folgt der für die vorausgegangenen Epochen bewährten Weise: Die Fahrzeuge werden wieder in Kurzportraits vorgestellt und auf eine weitergehende Betrachtung der Firmengeschichte von Volvo wird verzichtet. Der Schwerpunkt der Fahrzeugportraits liegt wieder auf der Technik, dem Antriebsstrang und der optischen Gestaltung der jeweiligen Modelle. Bei jeder Serie werden in Tabellen ausgewählte Modelle vorgestellt, wobei dazu jeweils die Basis- und/oder Top-Ausführungen ausgewählt wurden. Eine Darstellung aller Modelle einer Serie in Tabellenform würde jeweils mehrere Seiten beanspruchen und den Rahmen dieses Buches sprengen. Solche Darstellungen findet man in Publikationen, die sich nur einer einzigen Modellserie widmen.

Bei den Fotos wurden bevorzugt solche aus dem Volvo- oder Polestar-Archiv verwendet, da dadurch der Originalzustand bzw. die Werksausführung der abgebildeten Fahrzeuge am ehesten sichergestellt ist und eine gleichbleibende Qualität erreicht wird. Abbildungen aus anderen Quellen sind entsprechend gekennzeichnet.

Notker Hilbrenner, im Sommer 2024

Mit dieser Pyramide demonstriert Volvo die Stabilität der Fahrgastzelle des neuen 740.
Er nimmt hier locker alle seine Vorgänger aufs Dach

Kurze Firmengeschichte von Volvo

Betrachten wir den schwedischen Automarkt Anfang der 1920er-Jahre, ist festzustellen, dass die Anzahl der Autos in dem riesigen Land im Jahre 1919 mit gerade einmal 8000 Pkw ziemlich klein war. Schwedische Marken hatten bis dahin mäßigen bis gar keinen Erfolg und nur wenige hundert Autos entstanden in Schweden selbst. Bekannteste Marke war Scania-Vabis, welche aus dem Zusammenschluss beider Firmen im Jahre 1911 entstanden war und immerhin noch bis in die zweite Hälfte der 20er-Jahre ein paar Handvoll Pkw baute. Dazu kam noch der Thulin, der in den Jahren 1920 bis 1928 mit offenbar mäßigem Erfolg auf dem Markt war. Die meisten Fahrzeuge waren amerikanischer (90 Prozent) und englischer Herkunft, ergänzt um einige wenige deutsche Marken.

Nach dem ersten Weltkrieg begann das Auto, sich überall als billiges und zuverlässiges Transportmittel durchzusetzen und die Produktionszahlen gingen steil nach oben. Da lag es nahe, dass sich auch in Schweden eine eigene Automarke erfolgreich etablieren könnte.

So fanden sich zwei Enthusiasten im Jahre 1924 zusammen, um dieses Vorhaben Wirklichkeit werden zu lassen. Assar Gabrielsson (1891–1962), der Verkaufsleiter bei der bekannten SKF (Svenska Kullagerfabriken) war, und Gustaf Larson (1887–1968), ein Ingenieur mit großer Auslandserfahrung und von 1917 bis 1920 ebenfalls bei SKF tätig, unterzeichneten kurz vor Weihnachten 1925 eine Absichtserklärung, Autos zu bauen, wobei nicht zur Diskussion stand, als Konfektionär aufzutreten, sondern die Fahrzeuge selbst zu entwickeln und auch zu bauen.

Die bereits über 20 Jahre vorher geschützte Wortmarke Volvo (lat. »ich rolle«) wurde aus der Versenkung geholt, und SKF sowie die Ausgabe von Aktien finanzierten eine neue Halle und Werkzeuge. Geeignetes Personal war schnell gefunden.

Im Sommer 1926 war auch schon der erste Prototyp fahrbereit (einer der Prototypen bekam den Spitznamen »Jakob«, was sich dann für die ganze Vierzylinder-Modellreihe einbürgerte) und am 14. April 1927 verließ das erste Serienfahrzeug die Montagehalle auf Hisingen, einer Insel bei Göteborg, auf der 1959 das VOLVO-Werk Torslanda gebaut wurde. Die Karosserie wurde von der Firma Freyschuss in Stockholm zugeliefert und der Kühlergrill trug von Anfang an das Eisen-Symbol mit der diagonalen Linie. Der VOLVO-Schriftzug wurde in einem Oval oben am Kühlergrill ergänzt. Damals hatten die meisten US-Fabrikate, vor allem Ford und Chevrolet, ebenfalls noch Vierzylinder-Motoren, so dass sich Volvo mit seinem Reihenvierzylinder mit stehenden Ventilen, drei Kurbelwellenlagern, zwei Litern Hubraum und gesunden 28 PS durchaus sehen lassen konnte.

Es wurde viel Wert auf Qualität gelegt und nur streng ausgewählte Lieferanten kamen zum Zug. Dem ursprünglich nur als offenen Tourer gelieferten Volvo (Typ ÖV4, ÖV = öppen vagn mit 4 Zylinder-Motor) wurde schon bald eine geschlossene Version zur Seite gestellt (PV4 = person

Der PV4 zeigt hier, dass eine typische schwedische Landstraße von 1927 für ihn kein Problem ist.

1927 kam mit dem Modell ÖV4 der erste Volvo-Personenwagen auf den Markt. Er war eine komplette Eigenproduktion von Volvo, vom Chassis über den Motor bis zur Karosserie.

vagn). Von 1927 bis 1929 konnten trotz zahlreicher Kinderkrankheiten immerhin fast 1000 Wagen verkauft werden – eine durchaus ansehnliche Anzahl.

Doch in dieser Zeit vollzog sich der Übergang zum Sechszylinder in den USA und nur noch Ford und ein paar andere Marken blieben für ein paar Jahre dem Vierzylinder treu. Dadurch entstand auch für die Kunden von Volvo der Wunsch nach einem leistungsfähigeren Wagen.

Dem wurde bereits im Sommer 1929 entsprochen und der erste Volvo-Reihensechser wurde der Öffentlichkeit vorgestellt. Die Karosserien ganz im Stil zeitgenössischer US-Modelle, der Motor nun drei Liter groß und mit 55 PS stärker als der zeitgleiche Ford A (40 PS) und Chevrolet (46 PS), war der PV 651 genannte Wagen völlig auf der Höhe der Zeit. Wahlweise gab es mechanische und hydraulische Bremsen und auch Chassis für Aufbauten wie Krankenwagen und Lieferwagen wurden angeboten. Dazu kamen ab 1930 noch von Volvo selbst gebaute Taxis, die die Typbezeichnung TR 651 (TR = trafikbil, Fahrzeug für den öffentlichen Verkehr) erhielten.

Diese erste Serie lief bis Anfang 1934. Im vorausgehenden Herbst 1933 legte Volvo die zweite Serie der mit bereits über 3000 verkauften Exemplaren nun sehr erfolgreichen Modellreihe auf. Der Motor hatte nun 3,3 Liter und die Leistung stieg auf 65 PS. Die dritte Serie konnte es noch besser und brachte den Sechszylinder mit 3,7 Litern Hubraum auf zunächst 80 PS (Motortyp EC). Ständig wurden die Karosserien dem Publikumsgeschmack angepasst, welcher sich nach wie vor stark am US-Design orientierte. Mit dem PV36, genannt »Carioca«, experimentierte Volvo 1935–1938 mit der Stromlinie und integrierten Scheinwerfern. Zwar sieht das Auto mit heutigem Blick durchaus attraktiv aus, doch damals fand es nur 500 Käufer. Das Vorbild für diese Serie war der Chrysler Airflow.

Die Nachfolgemodelle der Serie PV51 bis PV56 brachten

Das erste Sechszylinder-Modell von Volvo, der PV651, erschien 1929 und hatte fünf Sitze.

Alle Vorkriegsmodelle hatten ein stabiles Rahmenchassis, weshalb sie gerne zu Lieferwagenumbauten benutzt wurden. Dieser TR670 war im Einsatz der Polizei.

dann eine Kombination des eckigen Designs der ersten Modelle mit der abgerundeten Optik des Carioca und führten so nach und nach ein neues Familiengesicht der Volvo-Pkw ein, das zwar noch stark am US-Design orientiert war, aber auch mehr und mehr den in Europa üblichen Gestaltungen entsprach.

Durch zahlreiche innermotorische Verbesserungen wurde beim Sechszylinder kontinuierlich die Motorleistung angehoben und stand bei Kriegsbeginn 1939 (Schweden war während des gesamten Zweiten Weltkriegs neutral geblieben) schon bei 86 PS. Auch in den Jahren der Not wurden noch regelmäßig neue Volvos gebaut, doch meist als Taxis, für die öffentliche Hand und für kriegswichtige Firmen. Durch den Benzinmangel war man auch in Schweden stärker an heimischen Rohstoffen, sprich Holz, interessiert und entwickelte Holzgas-Generatoren, die recht zuverlässig funktionierten, jedoch die Motorleistung auf 50 PS absinken ließen. Diese »Gengasaggregate« lieferte Volvo bei den Pkw als Anbau im Kofferraum oder auf einem Einradanhänger.

Schon bald nach Kriegsende stieg man wieder in die Produktion der Pkw ein und die bewährten Sechszylinder verkauften sich wieder ausgezeichnet. Besonders die Taxis hatten bald den Ruf, unverwüstlich zu sein. So verwundert es nicht, dass die Modelle ständig weiterentwickelt und als Serie 800 noch bis ins Jahr 1958 hinein gebaut wurden und immer noch die Taxi-Chauffeure begeisterten. Von 1947 bis 1958 konnten alleine über 7000 Taxis abgesetzt werden.

Viel wichtiger war jedoch die Entwicklung eines kleineren

Der 1935 vorgestellte PV36 Carioca hatte erstmals eine Ganzstahlkarosserie, die dem amerikanischen Chrsyler Airflow nachempfunden war. Sie war auch ein früher Versuch mit der Aerodynamik.

Wagens, den sich nach dem Krieg auch viele nicht so begüterte Schweden leisten können sollten und der dafür auch einen mäßigen Spritkonsum haben musste. Die Überlegungen schritten voran, so dass man schon 1942 erste Ideen zu Papier brachte. Viele verschiedene Auslegungen wie Frontantrieb, luftgekühlte oder gar Zweitakt-Motoren waren in der Diskussion. Gustaf Larson entschied sich dann aber für ein konventionelles Fahrzeug mit Frontmotor und Heckantrieb, Wasserkühlung und Reihenvierzylinder mit nun erstmals hängenden Ventilen. Der »PV 444« genannte Wagen sollte im Herbst 1944 auf den Markt kommen. Der Wagen hatte eine selbsttragende Ganzstahlkarosserie und läutete bei Volvo den Übergang zu einem horizontal angeordneten Kühlergrill ein. Er trug die Scheinwerfer komplett integriert in den relativ eckigen, aber immer noch freistehenden Kotflügeln. Auch hier hatten wieder US-Modelle Pate gestanden, doch auch der noch 1939 erschienene Hanomag »Autobahn« wurde bei Volvo getestet. Viele Schwierigkeiten und ein langer Streik in der gesamten schwedischen Industrie verzögerten die Serienproduktion des PV 444, für den bereits mehrere Tausend Vorbestellungen vorlagen. Erst im Februar 1947 konnten die ersten Fahrzeuge an Kunden ausgeliefert werden. Die Zahl der Bestellungen überstieg da bereits die Zehntausend.

Die Probleme beim Produktionsbeginn konnten schnell beseitigt werden, so dass die Kapazität kontinuierlich stieg. Die erste Serie des PV 444 lief bis 1950, dann folgten jährlich die jeweils neuesten Modelle. Und der Export begann ebenfalls vielversprechend, besonders in den USA fanden die robusten Volvos bald viele Freunde. Das Design war dort zwar schon deutlich überholt, doch das tat dem Auto keinen Abbruch. Es sollte sogar noch zu einer langen Produktionszeit kommen, denn erst 1969 wurde die Fertigung der Kombi-Variante, die ein Rahmen-Chassis hatte, beendet, so dass insgesamt gut 22 Jahre zusammenkamen.

Im Jahre 1958 mutierte der PV 444 zum PV 544, der dann noch bis 1965 gebaut wurde und sich auch gut verkaufte. Mit Jan Wilsgaard (1930–2016) wurde Anfang der 50er-

Der Benzinmangel machte sich auch in Schweden bemerkbar, weshalb Volvo eigene Holzgasaggregate produzierte. Hier als Anhänger an einem PV56 von 1939.

Jahre die Spitze der neugegründeten Styling-Abteilung besetzt. Wilsgaard sollte sich über mehrere Jahrzehnte stilbildend bei Volvo einbringen.
Sein erstes Projekt wurde bereits 1951 aufgebaut. Der Prototyp bekam den Namen »Philip« und sollte in der Oberklasse mitspielen. Mit den antiquierten großen Volvo war bereits Mitte der 50er-Jahre kein Staat mehr zu machen, wenngleich sie auf dem Heimatmarkt noch einige Bedeutung hatten. So orientierte man sich bei der Karosserie des »Philip« stark am »Kaiser« von Kaiser Motors aus den USA, veränderte aber die Kühlermaske, stellte die Scheinwerfer senkrecht und gab den Front- und Heckscheiben mittig einen Knick. Zur Motorisierung wurde ein V8 entwickelt. Wie bei zahlreichen anderen Versuchen folgte aber keine Serienfertigung.
Inspiriert durch die Experimente mit Kunststoffen im Karosseriebau bei Chevrolet Corvette und Kaiser Darrin begann man bei Volvo ab 1953 sich ebenfalls Gedanken über einen Sportwagen mit leichter Kunststoff-Karosserie zu machen. Im Visier hatte man den boomenden Markt in den USA für kleine europäische Sportler, wie sie hauptsächlich von den Briten angeboten wurden. Auf Basis des Rahmen-Chassis des PV 444 Kombi baute Volvo 1956 ein gut aussehendes und geräumiges Zweisitzer-Cabrio, das auch mit Hardtop geliefert werden konnte. Es hieß schlicht P1900 und hatte einen leistungsgesteigerten 1,4-Liter mit 70 PS unter der Haube. Mit der Kunststoffverarbeitung hatte man jedoch dauernd Probleme und konnte den Volvo-Standart nicht erreichen. Deshalb wurde die Produktion nach nur 67 Exemplaren eingestellt. Aber Anfang der 60er-Jahre sollte der Sportwagen-Gedanke mit dem P1800 Coupé wieder aufleben. Praktisch gleichzeitig mit der Vorstellung des P1900 kam auch der Volvo »Amazon« auf den Markt. Dieser sollte den PV 444 beerben, was ihm jedoch erst viel später gelang. Deutlich größer, geräumiger und schneller, stellte der Amazon (Serien 120, 130 und 220) den Übergang zur Ponton-Karosserie bei Volvo dar. Von 1956 bis 1970 verließen dann 667.000 Exemplare das Werk. Volvo war damit endgültig in die Reihe der Großserienhersteller aufgerückt. Die Motoren reichten vom anfänglich angebotenen 1,6-Liter- über den 1961 eingeführten 1,8-Liter-

Das erste Taxi-Modell mit einer Ganzstahlkarosserie war der PV 801 von 1938. Er hatte noch die klassische Optik mit frei stehenden Scheinwerfern.

Die nächste Generation der Taxi-Modelle erschien 1950 mit dem PV 830. Sie hatte jetzt eine Front, die mit den in die Kotflügel integrierten Scheinwerfern dem bereits erfolgreichen PV 444 nachempfunden war.

Volvo hat immer wieder Prototypen zur Serienreife gebracht und dann schließlich doch nicht umgesetzt. So erging es auch dem Philip aus den 1950er-Jahren, der mit einem V8-Motor ausgestattet war.

bis hin zum 1968 lancierten Zweiliter-Motor. Einen Kombi gab es auch, und zwar von 1962 bis 1969.
Die Volvos sollten nicht nur robust, sondern auch sicher sein. Deshalb führte Volvo schon 1958 serienmäßig Gurte auf den vorderen Sitzen bei allen Modellen ein.
Mit dem bereits erwähnten eleganten Sport-Coupé P1800 betrat Volvo zwar Neuland, verließ sich indes auf die bewährte Technik des Amazon und kehrte zur Blechkarosserie zurück.
Diese wurde in den ersten Jahren mangels Kapazität im eigenen Werk bei Pressed Steel in Linwood/Schottland gefertigt. Wegen dieser Kapazitätsengpässe musste die Produktion des PV 544 Kombis quasi provisorisch sogar in einer verlassenen Zuckerfabrik eingerichtet werden. Den Zusammenbau und die Lackierung des neuen Coupes erledigte die Firma Jensen, die ebenfalls eigene Autos baute. Die Qualität war jedoch so schlecht, dass die Volvo-Qualitätssicherung permanent bei Jensen vor Ort sein musste. Das führte letztendlich dazu, dass Volvo die Produktion nach Schweden holte und ab 1963 hießen die Autos deshalb Volvo P1800 S (S für Schweden). Die letzte Version des 1800ers war dann der »Schneewittchensarg«, der P1800 ES, dessen Herstellung 1973 beendet wurde.
Das erste Werk für eine Volvo-Fertigung im Ausland war die Produktionsstätte in Halifax/Kanada (1963) und schon 1965 folgte Gent in Belgien, später sogar Malaysia und Australien. 1964 begann die Produktion in Torslanda, nur wenige Kilometer vom bisherigen Werk entfernt. Bis 1967 herrschte in Schweden übrigens Linksverkehr. 1963 konnten zum ersten Mal mehr als 100.000 Pkw hergestellt werden. Damit hatte Volvo in den 60er-Jahren seinen großen Durchbruch auf dem Weltmarkt. Ausgerechnet die in diesem Zeitraum produzierten Modelle hatten nicht die markante Querstrebe auf dem Kühlergrill.
Mit den völlig neu konzipierten eckigen Volvo 142/144/145/164 folgte man ab 1967 weiter der Firmenphilosophie, immer sicherere Autos zu bauen. Mit dieser Modellreihe fand man überall auf der Welt neue Kunden und die Produktionszahlen stiegen immer weiter – und mit dieser Serie war ab 1970 auch das markante Volvo-Zeichen mit der Querstrebe wieder da.
Schon seit 1972 engagierte sich Volvo beim niederländi-

schen Autohersteller DAF-PKW und übernahm im ersten Schritt 33 Prozent der Aktienanteile. Ab 1975 wurden daraus 75 Prozent. DAF hatte sich mit seinen Kleinwagen mit stufenlosem Automatikgetriebe einen Namen gemacht. Die damalige Entwicklungsstufe des DAF 66 mit Renault-Motor stellte auch eine gute Grundlage für ein Modell unterhalb der Volvo 140/240 dar und wurde dann mit etlichen Änderungen zum Volvo 66 umbenannt. Bis 1980 liefen die DAF-Volvos in einer Gesamtstückzahl von über 100.000 Einheiten vom Band. Und ab 1976 wurden sie dann durch eine noch unter DAF-Regie begonnene Weiterentwicklung (Serie 340/360) ergänzt bzw. ersetzt, die aus dem Kleinwagen-Segment herauswuchs und nun zu den Kompaktfahrzeugen zählte.

Ab 1975 wurde aus der Serie 140 die Serie 240 und ein Jahr später war der Wechsel auch bei den Sechszylindern fällig; aus dem 164 wurde die Serie 260, die jetzt auch erstmals einen Kombi umfasste und später sogar ein zwar sehr sachlich gezeichnetes, aber doch ausnehmend exklusives Coupé zur Seite gestellt bekam.

Ein OHC-Motor mit Zahnriemen wurde eingeführt und die Sicherheit der Insassen weiter verbessert. Für die 260er kam der gemeinsam mit Peugeot und Renault in Frankreich entwickelte und auch gefertigte Europa-V6 zum Einsatz, der die Kosten gegenüber dem alten Reihen-Sechser beträchtlich senken konnte. Auch führte Volvo bei der 240er Serie erstmals einen Dieselmotor ein, der von VW kam und dort unter anderem den großen Transporter LT antrieb.

Nach vielen Jahren mit steigenden Produktionszahlen musste Volvo ab 1976 mit einbrechenden Verkäufen umzugehen lernen. Eine ganze Anzahl von Faktoren war daran beteiligt. Zum einen waren die Neuwagenpreise generell stark angestiegen, doch bei Volvo in besonders hohem Maße. Die Arbeitskosten in Schweden, das mit einem fast ausufernden Sozialsystem gesegnet war, lagen weit höher als bei anderen Firmen des Weltmarkts. Das führte dazu, dass die Zahlen auf dem so wichtigen US-Markt drastisch einbrachen. Außerdem verfolgten die Qualitätsprobleme bei der Einführung der Modellreihe 300 die Schweden noch einige Jahre und ließen das Interesse an den größeren Modellen ebenfalls schwinden. Darüber hinaus ließ der neue Fertigungsprozess die Karosserien in Windeseile rosten. Der seit 1971 amtierende Volvo-Chef Per Gyllenhammar hatte also alle Hände voll zu tun. Neben einer Verlängerung der Garantieleistungen wurde der Lackierungsvorgang mit Hohlraumversiegelung und Unterbodenschutz schnell geändert, so dass das Rostproblem nachhaltig beseitigt wurde. Ab 1978 ging es damit wieder bergauf.

Ab 1982 stellte Volvo den Baureihen 240 und 260 sukzessive die nochmals kantigere Baureihe der Serie 740/760/780 zur Seite, welche ihrerseits wiederum ab 1990 durch die Serie 940/960 ergänzt wurde. Hervorzuheben ist, dass die Baureihe 240 neben den Modellen der Serie 700 und 900 noch bis zum Modelljahr 1993 hergestellt wurde.

Bei den Modellen der unteren Mittelklasse hatte auch die Serie 300 ein recht langes Leben und wurde von 1976 bis 1991 gebaut. Nachfolger war die Serie 400, die merklich erwachsener wirkte und modernere Motoren spendiert bekam. Erstmals gab es Frontantrieb und quer eingebaute Motoren.

Volvo stand schon seit den 1950er-Jahren für Sicherheit und an diesem Image wurde weiter eifrig gefeilt. Ein Zweikreisbremssystem, bei dem jeder Kreis drei Räder ansteuert, wurde bereits bei den 140er Modellen in 1966 Serie. Später bekamen die Türen Verstärkungen, die einen Seitenaufprall besser abfangen konnten und die ersten Airbags im Lenkrad gehörten nun ebenfalls zur Serienausstattung.

Natürlich kam auch die Umwelt nicht zu kurz und bereits 1985, dem ersten Jahr, in dem in Deutschland bleifreier Kraftstoff angeboten wurde, gab es Varianten mit geregeltem Katalysator.

Da es sich abzeichnete, dass Volvo alleine das Werk in den Niederlanden nicht auslasten konnte, wurde mit Mitsubishi und dem niederländischen Staat ein »Joint Venture« abgeschlossen, welches zur Gründung von »Ned Car« führte. So wurden dort nun auch die für den europäischen Markt vorgesehenen Mitsubishi-Modelle gefertigt, was den langen Transportweg aus Japan verzichtbar machte. Jeder der drei Mitgründer hielt paritätische 33 Prozent der Anteile am Unternehmen. Der Staat klinkte sich jedoch 1999 aus und überließ nun Mitsubishi und Volvo zu gleichen Teilen seine Anteile. Doch schon 2001 verkaufte Volvo seine Beteiligung wiederum an Mitsubishi, so dass dieser Hersteller nun Alleinherrscher im Werk war. Im Jahr 2004 verließ der letzte Volvo die Werkshallen. Seither werden die kompakten Volvos der Serie 40 in Gent/Belgien hergestellt.

Mit dem Erscheinen des neuen Mittelklasse-Modells 850 kamen auch spannende Neuerungen ins Programm, denn Frontantrieb, Quermotor und Fünfzylindertriebwerke gab es bislang bei Volvo in dieser Fahrzeuggröße nicht.

Mitte der 1990er-Jahre wurde das gesamte Modellprogramm komplett auf neue Beine gestellt, die seitherigen dreistelligen Modellbezeichnungen wichen fortschreitend zweistelligen, denen dann noch ein Buchstabe vorangestellt wurde. Ein »S« stand für Limousine (Sedan), ein »V« für den Kombi (Versatility) und ein »C« für ein Coupé bzw. Cabrio, später auch für Compact. Es kamen dann noch die Fahrzeuge der Gattung SUV bzw. Geländewagen dazu, für die als Präfix »XC« (Cross Country) verwendet wurde. 2023 erschien das erste vollelektrisch betriebene Fahrzeug mit der Bezeichnung »EX«, das vorangestellte »E« wurde dann auch für weitere Modelle mit diesem Antrieb verwendet und mit einem »EM« wurde 2024 ein Multi-Purpose-Van vorgestellt.

In den Ford-Konzern wurde die Pkw-Sparte von Volvo im Februar 1999 eingegliedert und mit den Marken Aston-Martin und Jaguar zur sogenannten PAG (»Premier Automotive Group«) zusammengefasst, wobei Jaguar ab Ende 1989 und Aston-Martin sogar schon seit 1987 zum Ford-Konzern gehörten. Schon etwas früher hatte GM die andere schwedische Pkw-Marke Saab übernommen.

Sehr ehrgeizig wurden die Schweden mit dem ersten und einzigen Serien-V8-Motor, den sie von Yamaha einkauften und der natürlich den Spitzenmodellen S80 und XC90 vorbehalten war. Insgesamt wurde er von 2005 bis 2012 angeboten, leider mit ungenügendem Erfolg, so dass der seit dem zweiten Halbjahr 2010 neue Eigentümer »Geely«, ein großer chinesischer Hersteller, im Rahmen von Rationalisierungsmaßnahmen diesen Antrieb ersatzlos gestrichen hat.

Doch die China-Connection hatte viel Gutes für Volvo. Nach anfänglichen Koordinierungsschwierigkeiten, die bei so einem Deal wohl kaum vermeidbar sind, konnten sinnvolle Restrukturierungsmaßnahmen sowie die Straffung der Modellpalette und des Motorenangebots umgesetzt werden, die jetzt gute Früchte tragen. Dazu beigetragen hat auch, dass Geely eine eigene Autoproduktion mitbrachte und Synergieeffekte besonders bei den Plattformen genutzt werden konnten. Außerdem hat Volvo eine klare Strategie mit einem Bekenntnis zu Sicherheit und E-Mobilität, wie sie sonst bei keinem anderen renommierten und traditionellen Hersteller zu finden ist.

Seit 2018 wurden fast nur noch Vierzylindermotoren angeboten mit einem unglaublich breiten Leistungsspektrum von rund 120 bis rund 400 PS. Seit 2019 sind alle Fahrzeuge mit Hybrid-Antrieb lieferbar und ab 2020 sind alle Modelle mit einem eingebauten Tempolimit von 180 km/h ausgerüstet. Außerdem sollen ab 2030 nur noch rein elektrisch angetriebene Pkw gebaut werden. Als ersten Schritt dazu verabschiedet sich Volvo in 2024 von den Diesel-Motoren und startete 2023 die neue Produktlinie der vollelektrisch angetriebenen »E«-Modelle. Bereits 2017 wurde die Schwester-Marke Polestar gegründet, ein Name, der vorher schon bei einigen Ausstattungsvarianten der Plug-In-Hybride verwendet wurde. Auch in der Verkaufsstrategie geht Volvo neue Wege. Mit dem Modelljahreswechsel 2022 führte Volvo zusätzlich den digitalen Direktvertrieb für seine Elektroautos ein. Der interessierte Kunde kann online sein Wunschmodell konfigurieren, einen Händler aussuchen und eine Probefahrt buchen. Die Bestellung erfolgt dann ebenfalls online.

So sind die Weichen für eine hoffentlich große Zukunft gestellt: Im Jahr 2027 kann Volvo sein 100-jähriges Bestehen seit dem Produktionsbeginn des ersten Pkw feiern!

Einführung in die Volvo-Baureihen

Die großen Volvo

Nach dem verheerenden zweiten Weltkrieg, den Schweden allerdings relativ unbeschadet überstanden hatte, führte man die bewährten und geräumigen Seitenventil-Sechszylindermodelle in überarbeiteter Form fort. Ohne große Unterbrechung schloss die Produktion, die noch bis Anfang 1945 fortgeführt worden war, nach der Konsolidierung der Lieferquellen und Rohstoffe wieder an. Das Werk in Hisingen stellte im Jahr 1946 immerhin schon wieder fast 1000 Neuwagen her und erst 1958 wurden die letzten Chassis für Sonderaufbauten ausgeliefert. Die reinen Pkw der Baureihe PV60 gab es bis 1950, die Taxis der Baureihe PV 830 immerhin bis 1957. Allen gemeinsam war die auf 90 PS erstarkte Maschine (ED-Motor) in der letzten Aufbaustufe.

Die Baureihen PV 444 und PV 544 sowie P 445 und P 210

Die schon für Ende 1944 vorgesehene Aufnahme der Produktion des neuen »kleinen« Vierzylinder-Volvo PV 444 mußte mehrfach verschoben werden. Dafür gab es verschiedene Gründe. Einer davon war ein schlimmer, mehrmonatiger Streik in der schwedischen Industrie, welcher nur schwer kompensiert werden konnte. Der für Mitte der 1940er-Jahre sehr moderne Wagen war zwar noch mit geteilter Frontscheibe versehen, sein Innenraum-Design wies aber schon den Weg in die 50er-Jahre.
Der 1,4-Liter-OHV-Motor mit anfänglich 40 PS wurde laufend verbessert und leistete in der letzten Ausführung bis zu 70 PS. Parallel zu den Standard-Modellen gab es bald auch eine etwas sportlicher aufgemachte Variante. Den sogenannten »Buckel-Volvo« gab es nur als zweitürige Limousine sowie als ebenfalls zweitürigen Kombi, der 1953 erschien und die Bezeichnung PV 445 führte. Im Jahr 1958 kam mit einem ausführlichen Facelift der Nachfolger in Form des PV 544, dessen Kombi-Version ab 1960 nun P 210 hieß. Der von Volvo selbst initiierte Kosename dieses beliebten Kombis lautete »Duett«. Damit wollte man den doppelten Nutzen als Familienkombi und als Firmenwagen verdeutlichen. Der Duett wurde noch vier Jahre länger als die Limousine gebaut (bis 1969).
Obwohl schon 1956 der als Nachfolger vorgesehene Volvo »Amazon« debütierte, war die Nachfrage nach dem Buckel-Volvo noch lange nicht zu Ende. Konnten vom PV 444 in fast zwölf Jahren 196.000 Einheiten abgesetzt werden, waren es beim PV 544 in sieben Jahren bis 1965 fast 245.000 Exemplare geworden, insgesamt also rund 440.000 Fahrzeuge.

Die Baureihen P 1900 und P 1800/S/ES

Zwar entpuppte sich der schon 1955 vorgestellte und mit seiner Kunststoff-Karosserie reichlich ungewöhnliche Volvo P 1900 als finanzielle und auch verkaufstechnische Katastrophe (nur 67 Exemplare konnten verkauft werden, die meisten blieben in Schweden oder gingen in die USA), doch hatte man bei Volvo gezeigt, dass man gegenüber nicht alltäglichem Design und Werkstoffen aufgeschlossen war. Doch der zweite Anlauf, wieder mit Blech als Karosseriewerkstoff, brachte den gewünschten Erfolg. Der P 1800 machte sofort Furore und war mit über 170 km/h der bislang schnellste Volvo überhaupt.
Roger Moore sorgte mit seinem regelmäßigen TV-Auf-

Der liebevoll als Buckel-Volvo bezeichnete PV 444 mit viel zeitgenössischem Zubehör vor dem passenden Hintergrund.

tritt als »Simon Templar« bzw. »The Saint« in diesem Modell für den benötigten Bekanntheitsgrad. Die ersten sechstausend Autos wurden noch bei Jensen in England gebaut, dann wurde im Frühjahr 1963 eine neue Produktionsstraße in Göteborg eingerichtet und das Auto hieß nun Volvo P 1800 S. Zahlreiche Verbesserungen und eine ständig steigende Motorleistung führten schließlich zu den Modellen P 1800 E und P 1800 ES, die mit einem

Die erste Serie des P 1800 Coupés, die bis 1963 in England gebaut wurde. Mit diesem Modell liefert Volvo einen echten Sportwagen.

Zweiliter-Einspritzmotor 124 PS leisteten. Ohne Nachfolger endete die Herstellung im Sommer 1973.

Die Baureihe Amazon P 120/130/220

Parallel zum schon erfolgreichen Buckel-Volvo erschien 1956 sein designierter Nachfolger in Form des »Amazon«-Volvo, der endlich vier Türen bot und wesentlich geräumiger als der weitergebaute Vorgänger war. Außerdem glänzte er mit einem ungleich größeren Kofferraum, der auch leichter zu beladen war. Die 1961 vorgestellten weiteren Karosserie-Varianten (zweitürige Limousine und viertüriger Kombi) sorgten einerseits für Modellvielfalt und andererseits für ständig neue Verkaufsrekorde. Die gefällig gezeichnete Karosserie orientierte sich an den

Ein später Amazon-Zweitürer, Typbezeichnung 130, mit dem starken B20-Motor.

zeitgenössischen Vorbildern, ohne sie einfach nachzuahmen. Der zweigeteilte Kühlergrill sowie der sanft abfallende Kofferraum machten das Auto zu einer angenehmen Erscheinung, die immerhin bis ins Modelljahr 1970 aktuell bleiben sollte. Als Motorisierung kam am Anfang der B16-Motor zum Einsatz, welcher dann in den 60er-Jahren sukzessive von B18- bzw. B20-Maschinen abgelöst wurde. Das Leistungsspektrum erstreckte sich in 14 Jahren von 60 bis 100 DIN-PS. Speziell für den deutschen Markt gab es den 123 GT mit 96 DIN-PS. Auch heute noch gelten die Fahrzeuge der Amazon-Baureihe als robuste und zuverlässige Alltags-Klassiker.

Die Baureihe P 142/144/145

In völliger Abkehr von bisherigen Gestaltungslinien schufen die Volvo-Designer für das Modelljahr 1967 ein äußerlich glattes, in puncto Sicherheit wesentlich verbessertes Nachfolgemodell für den »Amazon«, der noch vier Jahre als Zweitürer und als Kombi parallel weitergebaut wurde. Kaum ein Volvo trat so sachlich auf und stellte die Technik-Affinität der Erbauer so zur Schau, wie die Baureihe 140.

Die Motorleistung betrug zwischen 82 und 124 DIN-PS und die anfänglich verwendeten B18-Motoren wurden bald durch den größeren B20 ersetzt. Es gab drei Karosserieformen, eine zwei- und eine viertürige Limousine sowie einen viertürigen Kombi, der in der ersten Serie sogar mit Ausstellfenstern seitlich im Laderaum zum Kunden kam. Auch eine Lieferwagen-Variante, zum Teil mit erhöhtem Dach, gab es für ausgesuchte Märkte.

Die Serie 140 markierte auch den Übergang zur Kraftstoff sparenden Einspritzung und konnte zudem noch in der Leistung gesteigert werden.

Die Robustheit der 140er spürte man auch beim Fahren. Zwar nicht so leise wie bei vergleichbaren Modellen anderer Hersteller, ließen die Volvos ihre Besitzer nie im Zweifel, dass hier solide Technik am Arbeiten war. Den meisten Besitzern gefiel das, was auch die extrem hohe Markentreue der Kundschaft in den 70ern erklärt.

Die Baureihe P 164

Seit 1958 hatte Volvo das Feld der mittelgroßen Sechszylinder brachliegen lassen. Doch im Herbst 1968 startete der aus dem 140er entwickelte Volvo 164 mit 130 PS und einem Dreiliter-Reihenmotor.

Mit deutlich anderer Frontpartie war der 164 auch äußerlich in genügender Distanz zu seinen vierzylindrigen Brüdern.

Auch der 164 wurde nach und nach mit Benzineinspritzung versehen, was die Leistung auf beachtliche 160 PS steigerte. Trotzdem wurde auch dieser Volvo noch mit einer hinteren Starrachse gebaut.

Ein Jahr länger als die Serie 140 war er auf dem Markt und mit insgesamt über 153.000 Exemplaren auch mehr als ein Achtungserfolg. Seine Macher hatten den Markt richtig eingeschätzt.

Die Baureihe 242/244/245

Mit der Einführung der Nachfolge-Generation der 140er-Serie wurde nicht nur ein komplett neues Werk in Kalmar in Betrieb genommen, sondern die Fließbandmontage durch Montagestationen ersetzt. Dabei standen nicht nur wirtschaftliche und fertigungstechnische Belange im Vordergrund, sondern auch humanitäre Aspekte. Die Arbeit des einzelnen Mitarbeiters war nun nicht mehr so monoton und er konnte für einen Großteil der montierten Module nun auch Verantwortung übernehmen und flexibler eingesetzt werden.

Erstmals brachte die Serie 240 jetzt einen auf 2,1 Liter aufgebohrten Motor mit obenliegender Nockenwelle zum Einsatz, dessen Antrieb durch einen Zahnriemen erfolgte. Die deutsche Firma Glas hatte diese Art des Antriebs für seine 1004er-Modellfamilie Anfang der 1960er-Jahre als Weltneuheit eingeführt.

Der bisherige Zweiliter-Vergasermotor blieb noch eine Zeit lang als Einstiegs-Motorisierung erhalten, doch der Trend ging eindeutig zur Benzineinspritzung.

Die Baureihe 262/264/265

Die Baureihe der Serie 260 führte den mit dem Modell 164 im Jahre 1968 begonnenen Weg fort und erstmals gab es auch ein Kombi-Modell vom Sechszylinder. Den mit Peugeot und Renault gemeinsam neu entwickelten V6-Motor nannten die drei Beteiligten schlicht »Europa-Motor«. Er kam beim Volvo 260, beim Peugeot 604 und beim Renault 30 zum Einsatz, später auch noch bei so ausgefallenen Fahrzeugen wie dem DeLorean.

Als Novum gab es auch ein von einer Limousine abgeleitetes Coupé, den 262C. Zwar extrem kantig, doch trotzdem nordisch attraktiv, brachte es dieses Modell nicht auf ordentliche Stückzahlen, doch wahrte es stets seine Exklusivität, die schon durch den hohen Preis begründet war.

Die Baureihe 66

Von DAF in Holland übernommen und massiv aufgewertet, bekleidete der nun Volvo 66 getaufte zweitürige Wagen mit dem stufenlosen Variomatic-Getriebe eine Außenseiterrolle und passte erst mal nicht so recht ins Volvo-Bild. Doch dank ständig verbesserter Fertigungsqualität war der kleine DAF-Volvo in der zweiten Hälfte der 70er-Jahre durchaus noch einigermaßen marktfähig. Es gab eine Limousine und ein Kombi-Modell, beide konnten in den Ausstattungsstufen DL und GL bestellt werden, waren aber teurer als ein Golf S mit 70 statt 47 PS.

Durch die Übernahme der DAF-Pkw-Sparte hatte Volvo mit dem P 345 auch im unteren Segment ein Fahrzeug im Angebot.

Unter Volvo-Regie wurden die Fahrzeuge noch bis 1978 (Kombi) bzw. 1980 (Limousine) weitergebaut, wobei über 100.000 Exemplare abgesetzt werden konnten. Das Durchschnittsalter der Käuferschaft konnte aber trotz jugendlich aufgemachter Werbung nicht wirklich gesenkt werden.

Die Baureihe der Serie 300

Nachfolger des DAF-Volvo wurde ab 1981 die Serie 300 mit den Modellen 340 und 360, die noch unter DAF-Regie entwickelt worden waren und bereits ab 1976 ins Programm aufgenommen wurden. Der 360 hatte ein deutliches Stufenheck, während die beiden Modelle 343 und 345 ein Stummelheck zeigten. Der 343 war aus Sicht von Volvo ein Dreitürer und der 345 ein Fünftürer. Der 360 hatte vier Türen vorzuweisen. Natürlich kamen die kleinen Volvos weiterhin mit Heckantrieb, jedoch einer verbesserten stufenlosen Automatik zum Kunden, doch Volvo bot nach ein paar Jahren auch normale Viergang-Schaltgetriebe an, die das Modell bei vielen Kunden wesentlich attraktiver machten. Noch bis 1991 wurden die 340/360 gebaut, zuletzt gab es wahlweise sogar noch einen Zweilitermotor mit 90 PS.

Die Serie 240/260 war besonders als Kombi beliebt. Hier ein Sechszylinder aus dem Zeitraum vor 1980, zu erkennen an der voluminösen Stoßstange.

Der 740er Kombi hatte wegen seiner kompromisslos eckigen Form schnell den Spitznamen »Swedish Brick«. Dieser Wagen hier stammt aus der ersten Serie.

Die Baureihe der Serie 400

In den Jahren 1988 bis 1991 löste Volvo die Modellreihe 300 durch die nochmals gewachsene Baureihe 400 ab. Als Überraschung gab es jedoch schon ab Modelljahr 1986 ein Kombi-Coupé 480 ES, welches mit seiner großen gläsernen Hecktür bewusst ein wenig an den 1973 verblichenen P 1800 ES erinnerte.

Die für 1989 vorgestellten Zwillinge 440 und 460 (Stummel- bzw. Stufenheck) waren wieder echte, kantige Volvos geworden. Mit Renault-Maschinen zwischen 1,7 und 2,0 Litern Hubraum und sogar einem Turboaggregat mit 120 PS waren diese Modelle sehr beliebt. Moderne Fünfgang-Getriebe hielten Einzug in die untere Mittelklasse und bis 1996 standen die 400er in den Preislisten.

In den 1990er-Jahren sorgte der 850 Kombi bei der BTTC zwar nicht für messbare Rennerfolge, trug aber viel zum sportlichen Image der Marke bei.

Die Baureihe der Serie 700

Mit den Modellen 740 und 760 wollte man die nun doch schon sehr in die Jahre gekommenen 240/260er ersetzen. Doch wider Erwarten machten da die Kunden nicht so schnell mit und die überaus beliebten 240er blieben noch parallel bis 1993, quasi als Einstiegsmodell für die großen Volvos, im Angebot.

Schon 1982 ersetzte der 760 den 260 und ab 1984 der 740 sukzessive die höher positionierten Versionen der Serie 240. Doch der letzte 240 wurde sogar noch ein Jahr länger als der 740er gebaut.

Bei der Baureihe 700 fanden Turbomotoren und auch die Diesel, welche von VW zugekauft wurden, eine bedeutend weitere Verbreitung als vorher in den Modellen

der 240er Baureihe. Ab 1985 gab es auch wieder ein Coupé unter der Bezeichnung Modell 780, das von Bertone gezeichnet und eine wesentlich gefälligere Erscheinung war als seinerzeit der 262C.
Stärkste Motorisierung war 1990 der Zweitliter DOHC-Turbo, welcher erstmals die Marke von 200 PS in einem Volvo erreichte. Noch bis 1992 waren die 700er aktuell, dann wurden sie durch die Baureihe 900 ersetzt.

Die Baureihe der Serie 800

Irgendwie fehlte etwas zwischen den kleineren und den traditionellen großen Volvos. Die Lücke füllte der Hersteller ab Juni 1991 mit der Baureihe 850, die es wieder in zahlreichen Varianten gab. Für 1993 stieß noch ein 850 Kombi dazu. Hier begann bei Volvo der konsequente Übergang vom Heck- zum Frontantrieb und es kamen quer eingebaute Fünfzylinder-Motoren zum Zug. So ganz wollten die Techniker die Starrachse im Heck noch nicht hergeben und so kam eine »Multi-Link« getaufte Konstruktion dabei heraus, welche die Vorteile von starrer Achse und Einzelradaufhängung kombinierte.
Noch 1996 brachte Volvo das bislang schnellste Modell auf den Markt, den 250 PS starken 850 T5R, der bis zu 250 km/h erreichen konnte. Mit der Änderung der Typbezeichnungen seit 1996 wurde aus dem 850er ein S70 bzw. V70.

Die Baureihe der Serie 900

Ab Sommer 1992 kam die Nachfolgebaureihe der 700er in Form der wesentlich weicher gezeichneten Serie 900 zum Einsatz. Erstaunlicherweise fuhren diese immer noch mit einer hinteren Starrachse vor.
Den Europa-V6 schickte Volvo in Pension und baute wieder einen selbst entwickelten Reihen-Sechszylinder mit zwei obenliegenden Nockenwellen in die 960er ein. Wie bisher gab es eine viertürige Limousine und einen Kombi, doch auf ein Coupé sollten die Kunden fortan vergeblich warten.
Die teureren 960er liefen bis ins Modelljahr 1996 und wurden dann auch den aktuellen Typbezeichnungen als S90/V90 angepasst.

Die Baureihe der Serie 30

Als Ergänzung am unteren Ende der Modellpalette erschien mit dem C30 erst 2006 ein Volvo in Golf-Größe. Das »C« im Namen sagt bereits, dass Volvo dieses Modell als Coupé betrachtete. Dementsprechend gab es auch nur eine einzige Karosserie, nämlich einen Zweitürer mit Schrägheck und Glasheckklappe, die wieder an den P1800 ES erinnern sollte.
Frontantrieb und Hilfsrahmen waren wichtige Merkmale der Baureihe, deren anfänglich acht verschiedene Motoren ein Leistungsspektrum zwischen 100 und 220 PS abdeckten. Später gab es noch einen 2,5-Liter mit Turbo und Ladeluftkühlung (LLK), der sogar auf 230 PS kam.
Interessant sind indes zwei sehr spezielle Modelle, der C30 Flexifuel, der mit Ethanol E85 betrieben werden konnte und von 2007 bis 2010 angeboten wurde. In den Jahren 2012 und 2013 lancierte Volvo dann noch einen rein elektrischen C30, der allerdings nicht verkauft sondern nur zu Versuchszwecken ausgewählten Personen zur Verfügung gestellt wurde. Nach Beendigung einer dreijährigen Testphase gingen die Fahrzeuge zurück ins Werk.
Die Baureihe wurde von 2006 bis 2013 gefertigt. Einen direkten Nachfolger gab es nicht. Eine separate Neuentwicklung hätte sich nicht gelohnt und so kam dann die dritte Generation des S40/V50 zum Tragen.

Die Baureihe der Serie 40/50

Im Zeitraum zwischen 1995 und 2019 entstanden drei Generationen der Baureihe 40, wobei nur in der zweiten Generation die Kombi-Modelle V50 hießen. In der dritten Generation gibt es nur noch den V40, aber keinen separaten S40 als Limousine mehr.
Durch das Joint-Venture mit Mitsubishi hatte Volvo für die erste Generation S40/V40 die Gelegenheit, Komponenten des Modells Carisma sowie dessen Motoren zu nutzen.
Die Modelle wurden allesamt bei Ned-Car in Holland produziert. Es gelangten ausschließlich Vierzylindermotoren zum Einbau. Natürlich war in allen drei Generationen Frontantrieb serienmäßig.

Volvos Einstieg in das SUV-Segment begann mit dem XC90, der hier seine Qualitäten als Zugwagen zeigt.

Moderne Common-Rail-Dieselmotoren waren ab dem Modelljahr 2001 das Gebot der Stunde.
Die zweite Generation war wiederum eine Eigenentwicklung und kam in der zweiten Jahreshälfte 2003 auf den Markt. Quer eingebaute Vier- und Fünfzylindermotoren waren vorgesehen, die Bandbreite der Motorleistungen erstreckte sich von 100 bis 230 PS. Die Vierzylinder steuerte der neue Partner Ford bei, die Fünf-Ender waren selbst entwickelte Motoren, die auch bei den größeren Baureihen eingesetzt wurden.
Die dritte Generation ersetzte gleichzeitig den bisherigen S40/V50 wie auch den C30 und war als Schrägheck-limousine gestaltet worden.
Wiederum verwendete Volvo Motoren mit vier und fünf Zylindern in Reihe mit Leistungen zwischen 122 und 245 PS. Mit letzterem war der V40 erstmals in der Lage, die 250 km/h-Marke zu erreichen.
Das Modelljahr 2013 brachte auch in dieser Baureihe einen Cross-Country und ab Ende 2015 konnte man eine nagelneue Acht-Gang-Automatik mit bestimmten Motoren kombinieren.
Für 2017 standen erstmals direkt eingespritzte Turbo-Benziner zur Wahl. Der Cross-Country wurde ab Modelljahr 2019 zur eigenständigen SUV-Modellreihe XC40.
2021 kam dann das erste vollelektrische Fahrzeug mit der Bezeichnung C40 dazu. Das Modell orientiert sich optisch am XC40 und verwendet den Antriebsstrang, der bereits im Polestar 2 und auch im Volvo XC40 Recharge verwendet wurde. Beide Modelle wurden 2024 in die »Range« der vollelektrischen Fahrzeuge übernommen und erhielten dann die Bezeichnungen EC40 und EX40.

Die Baureihe der Serie 60

Die Weiterführung der Modellreihe 850 war durch die Serie 70 erfolgt. Diese wiederum wurde zum Beginn des Modelljahres 2001 von der Serie S60/V60 ersetzt. Auch hier hielt der Quereinbau von Motoren mit vier, fünf und sogar sechs Zylindern Einzug.
Die erste Generation fertigte Volvo in den Modelljahren 2001 bis 2009, hier noch ausschließlich mit Fünfzylindermotoren mit Leistungen zwischen 140 und 300 PS. In der zweiten Generation wurde das Motorenangebot noch ausgeweitet und konsequent mit entsprechenden Nummern versehen. Die Benziner hatten ein »T« vorangestellt, hießen also »T2« bis »T7«, bei den Dieselmotoren ging die Liste von »D2« bis »D5«. Es standen sogar Hybridmodelle zur Auswahl, die aktuell noch die letzten Fünfzylinder besitzen. Volvo verfolgte hier sorgfältig das Downsizing-Konzept mit kleineren, jedoch hochaufgeladenen Motoren. Jüngstes Kind dieser Reihe ist deshalb ein Zweiliter-Vierzylinder »T7« mit 367 PS Leistung.

Die Baureihe der Serie 70

Als Ersatz für die Serie 850 kam 1998 die Baureihe S70/V70 zum Einsatz. Während die Limousine Ende 2000 in die Baureihe S60 überging, blieben die Kombis V70 noch bis 2016 im Programm. Dabei wurde die Karosserie ab 1999 der Form der Limousine S80 angepasst. Außerdem gab es in der ersten Generation von 1997 bis 2005 sowohl ein Coupé als auch ein Cabrio C70. In der zweiten Generation verschmolz man diese beiden ab Modelljahr 2006 zu einem Klappdach-Cabrio, das geschlossen wie ein Coupé aussah, jedoch als Basis die Plattform des V40 verwendete. Von 1998 bis 2002 gab es noch eine höhergelegte Version des Kombis mit Allradantrieb, die V70 XC AWD Cross-Country genannt wurde. Diese wuchs später zu der eigenen Modellreihe XC70 heran.
Insgesamt standen Motorleistungen zwischen 109 und 304 PS zur Verfügung und in der zweiten Generation gab es sogar einen Motor, der mit E85 betrieben werden konnte.
Da mit der Markteinführung des S60/V60-II der seit 2013 verbliebene V70 zu nah an diesem positioniert war, lief die Baureihe zum Ende des Modelljahres 2016 aus und ging sozusagen in der neuen Serie V90 auf.

Die Baureihe der Serie 80

Der S80 ersetzte die Limousinen der Modellreihe S90 der ersten Serie, die bis 1998 gebaut wurden. Für das Modelljahr 1999 stellte Volvo dieses neue Spitzenmodell nur mit Fünf- und Sechszylindermotoren vor. Die Leistungen reichten von 140 bis 272 PS, wobei die Motoren auch hier quer zum Einbau gelangten. Frontantrieb war nun selbst in der oberen Klasse selbstverständlich geworden.

Die zweite Generation wurde für das Modelljahr 2007 eingeführt und hier erfolgte der Übergang von den längeren Motoren mit fünf und sechs Zylindern zu kleineren und hochaufgeladenen Vierzylindern.

Leistungen zwischen 145 (Flexifuel) und 315 PS (für den von 2007 bis 2010 angebotenen 4,4-Liter-V8-Motor) waren möglich.

Als Ersatz kam ab Modelljahr 2016 eine neue Baureihe, die wieder S90 hieß.

Die Baureihe der Serie 90

Hier geschah etwas Merkwürdiges. Die S90/V90 beerbten die Baureihe 960 und wurden mit geringen Modifikationen noch zwei Jahre weitergebaut, um dann der Serie S80 zu weichen. Letztere stand zwei Generationen lang von 1999 bis Anfang 2016 im Volvo-Typenprogramm. Als deren Ende gekommen war, wurden die aktuellen Nachfolgemodelle nun wieder S90/V90 genannt. Es gab also eine Unterbrechung von fast 18 Jahren, in der in dieser Größenklasse kein Kombi im Sortiment war.

Die heute angebotenen 90er-Modelle gibt es nur noch als Vierzylinder mit zwei Litern Hubraum, die Leistungen zwischen 254 und 407 PS liefern. Die stärkste Variante ist ein Hybrid-Modell, welches ein Drehmoment von 640 Nm entwickelt und Limousine wie Kombi auf abgeregelte 250 km/h beschleunigen kann. Der Kombi stieß zum Modelljahr 2017 zur Baureihe. Für den chinesischen Markt gibt es von der Limousine auch eine verlängerte Version.

Die SUV-Modelle der Baureihen der Serien XC40, XC60 und XC90

Aus dem V70 Cross-Country wurde für 2002 die eigenständige Modellreihe XC70, die jedoch nur einen höher gelegten V70 Kombi mit Attributen von Geländefahrzeugen und Allradantrieb darstellte.

Die Volvo SUV (Sport Utility Vehicles) der Serien XC60 und XC90 waren demgegenüber eigens als solche entwickelt worden. Der XC90 machte für 2003 den Anfang und war trotz seiner schieren Größe ein recht elegant geratener Vertreter seiner Gattung. Die Motorenpalette reichte in der ersten Generation (2003–2014) vom Fünf- über den Sechs- zum V8-Zylinder mit 315 PS.

Die zweite Generation (seit 2015) hat ausschließlich Vierzylinder zur Auswahl und ist mittlerweile nur noch mit Plug-In-Hybrid bzw. Mild-Hybrid vertreten.

Die mittlere Baureihe XC60 wurde für das Modelljahr 2009 vorgestellt und seit 2017 gibt es sie nun ebenfalls schon in der zweiten Generation, ebenfalls in allen Varianten mit einem Hybrid-Antrieb.

Der XC40 kam erst 2017 dazu und ist aktuell (2024) auf dem Weg zur Ablösung durch den vollelektrischen EX40.

Die vollelektrischen Modelle EX30, EX40, EC40, EX90, EM90

Als konsequenten Schritt zum Ziel, ab 2030 nur noch elektrisch angetriebene Fahrzeuge herzustellen, stellte Volvo 2022 das erste Modell der neuen E-Serie vor, den EX30. Dabei handelt es sich um das kleinste SUV auf dem Markt, das von vornherein auf großes Interesse bei den potentiellen Kunden stieß. 2024 wird ihm ein EX90 zur Seite gestellt, der als Premium SUV mit sieben Sitzen angeboten und mittelfristig den XC90 ablösen wird. Erweitert wird diese Serie um das Modell EM90, das Ende 2023 angekündigt wurde. Dabei handelt es sich um eine Großraumlimousine, die die Abmessungen eines Van hat und in der Werbung als »skandinavisches Wohnzimmer auf Rädern« bezeichnet wird. Der EM90 – das M steht für Multi-Purpose-Vehicle – wurde in China vorgestellt; wann er in Europa verfügbar ist, ist noch offen.

Um die Bezeichnung der vollelektrischen Modelle konsequent fortzuführen, wurden 2024 die bereits existierenden Modelle C40 in EC40 und XC40 in EX40 umbenannt.

Die großen Volvo 1945–1958

Seit 1929 gab es von Volvo ausschließlich geräumige, robuste und zuverlässige Reihen-Sechszylinder-Automobile (sowie Lastwagen, Omnibusse und Sattelzugmaschinen). Diese wurden in vielen Ausführungen und Typen in drei Generationen bis 1945 hergestellt. Für die wieder anlaufende Produktion Ende 1945 stellte Volvo zwei Baureihen vor, die Limousinen für den Privatkunden (Typ PV60, bis 1950 im Angebot), die es auch als Chassis für Sonderaufbauten gab, sowie die Taxi-Varianten der Serie 800, die erstaunlicherweise von 1945 bis 1958 liefen und immer noch Gewinn abwarfen (Generation IV ab 1947).

Die konservativen Motoren mit stehenden Ventilen hatten Nenndrehzahlen bis zu 3500 Touren und erst 86 (EC-Motor), dann 90 PS Leistung (ED-Motor). Das entsprach

Der PV60 war das letzte große Volvo-Modell mit einem Rahmen-Chassis, freistehenden Scheinwerfern und dem großen Sechszylinder-Motor.

Hier wurde das als PV61 bezeichnete Chassis für einen sehr geräumigen Lieferwagen-Aufbau verwendet.

Modell:	**Volvo PV60**
Bauzeit:	**1946-1950**
Motor:	**6 Zylinder in Reihe**
Bohrung/Hub (mm):	**84,14 x 110**
Hubraum (cm³):	**3670**
Leistung (PS/kW-min.-1):	**90(66)-3500**
Verdichtung:	**6,5:1**
Ventilsteuerung:	**Stehende Ventile, Nockenwelle unten**
Gemischaufbereitung:	**1 Stromberg-Vergaser**
Getriebe:	**3-Gang-Schaltgetrieb**
Bereifung:	**6.00-16 oder 6.50-16**
Bremsanlage:	**Hydraulische Trommelbrems-anlage**
Radstand (mm):	**2850**
Länge x Breite x Höhe:	**4725 x 1800 x 1630 mm**
Karosserien:	**4-türige Limousine**
Anzahl der Sitze:	**5**
Leergewicht (kg):	**1530**
Höchstgeschwindigkeit:	**130 km/h**
Weitere Getriebe:	**Auf Wunsch mit Overdrive**
Weitere Varianten:	**PV61 als Chassis für Aufbauten**

den zeitgenössischen Plymouth, Chevrolet und Ford, die auch auf dem schwedischen Markt zahlreich vertreten waren. Auf Höchstgeschwindigkeit waren diese Autos nicht getrimmt, zumal es damals in Schweden auch noch keine Autobahnen gab.
Danach sollte es noch bis 1969 dauern, bis es wieder einen Volvo-Sechszylinder zu kaufen gab.
Äußerlich zu unterscheiden sind die zwei Taxi-Serien PV 801–PV 824 und PV 831–PV 834 an den stark unterschiedlichen Frontmasken. Während die erste Serie 1945 bis 1948 noch einen vertikalen, zweigeteilten Kühlergrill aufwies, bekam die zweite Serie einen Kühlergrill mit vier streng horizontal verlaufenden Chromstreben, der sich am neuen PV 444 orientierte.
Die Taxis hatten als Einzige nach dem Krieg noch für zwei Jahre den etwas schwächeren Motor mit 86 PS. Es gab sie in zwei Radständen auch als Chassis für Sonderaufbauten wie Krankenwagen, Lieferwagen und Bestattungsfahrzeuge.

Modell:	Volvo Taxi Serie 800
Bauzeit:	1938-1958
Motor:	6 Zylinder in Reihe
Bohrung/Hub (mm):	84,14 x 110
Hubraum (cm³):	3670
Leistung (PS/kW-min.-1):	90(66)-3500 (1947–1958)
Verdichtung:	6,5:1
Ventilsteuerung:	Stehende Ventile, Nockenwelle unten
Gemischaufbereitung:	1 Stromberg-Vergaser
Getriebe:	3-Gang-Schaltgetriebe
Bereifung:	6.50-16
Bremsanlage:	Hydraulische Trommelbrems-anlage
Radstand (mm):	3250
Länge x Breite x Höhe:	5060 x 1850 x 1780 mm
Karosserien:	4-türige Limousine
Anzahl der Sitze:	7 bis 8 (Taxi)
Leergewicht (kg):	ab 1750
Höchstgeschwindigkeit:	120 km/h
Weitere Getriebe:	Wahlweise mit Overdrive
Weitere Varianten:	PV801 Taxi 1938–47 mit Trennscheibe PV802 Taxi 1938–47 ohne Trennscheibe PV800 Chassis Radstand 3250 mm 1941–47 PV810 Chassis Radstand 3550 mm 1938–47 PV821 Taxi 1948 mit Trennscheibe PV822 Taxi 1947–48 ohne Trennscheibe PV823 Chassis Radstand 3250 mm 1947–48 PV824 Chassis Radstand 3550 mm 1947–48 PV831 Taxi 1950–57 mit Trennscheibe PV832 Taxi 1950-57 ohne Trennscheibe PV833 Chassis Radstand 3250 mm 1950–58 PV834 Chassis Radstand 3550 mm 1950–58

Bauzeit aller PV 60-Varianten: 1946–1950.
Bauzeit aller PV 800-Varianten: 1948–1958.

Die Innenansicht zeigt die Trennscheibe beim Taxi PV 801 und die im Art déco-Stil gestalteten Armaturen.

Das neue Modell PV 830 wurde in der Luxusausführung mit Weißwandreifen und Zusatzscheinwerfern ausgestattet.

In dieser Seitenansicht zeigt der PV 801 seine wahre Größe, die ihn als Taxi so beliebt machte.

Der Buckel-Volvo PV 444 1944–1958

Als richtig großer Wurf sollte sich der sorgfältig entwickelte und mit vielen Schwierigkeiten zur Marktreife gebrachte sogenannte »Buckel-Volvo« erweisen, der die schwedische Marke innerhalb weniger Jahre in die Reihe der Großserienhersteller katapultierte.
In völliger Abkehr von seitherigen technischen Gepflogenheiten zeichnete sich der seit Frühjahr 1943 als Projekt geführte PV 444 durch eine selbsttragende Karosserie mit einem Hilfsrahmen, der den Motor und die Vorderachse trug, aus. Dadurch war er wesentlich leichter als die eher behäbigen und massigen Sechszylinder geraten und mit seinem viel moderneren Motor mit hängenden Ventilen auch auf der Höhe der Zeit. Nur die erst sechs Jahre nach Produktionsbeginn der Limousine

Im September 1944 wurde das neue Modell PV 444 A der Öffentlichkeit vorgestellt und hier auch von den beiden Volvo-Gründern Gustaf Larsson und Assar Gabrielsson begutachtet.

nachgeschobene Kombi-Variante behielt die traditionelle Bauweise mit einem Rahmenchassis bei (siehe dort). Als Vorlage dienten Fahrzeuge wie der kurz vor dem Krieg erschienene Hanomag-Autobahn oder der Buckel-Taunus.

Die zweitürige Limousine war in Pseudo-Stromlinie gehalten, trug ihre Motorhaubenscharniere vorn und der Übergang von der vertikalen Kühlerfront bei den bisherigen Modellen zum streng horizontalen Kühlergrill war ein weiteres eigenständiges Merkmal der Neukonstruktion. Die vorderen Kotflügel waren noch freistehend mit integrierten Scheinwerfern und liefen oberhalb der Umrandung des Kühlergrills quasi flach ineinander über.

Das Armaturenbrett wich ebenso von allem Bisherigen ab. Der Tacho war als Kreissegment ausgebildet und in der Mitte des Armaturenbretts positioniert, an beiden Seiten gab es je ein Handschuhfach. Das Zweispeichenlenkrad mit Vollkreis-Hupring, der je drei seitliche Speichen hatte, sah geradezu luxuriös und hochwertig aus. Die Polsterung und die Farbgebung waren ansprechend. Das Ersatzrad war in einem Extrafach am Boden des Kofferraums innen untergebracht.

Der nagelneue B4B-Motor, der bisher kleinste von Volvo überhaupt, wurde auch als Bootsmotor und in kleineren Lkw genutzt.

Schon im Herbst 1949 wurde eine verbesserte Rostvorsorge in die Serie eingeführt, was in den skandinavischen Ländern die Grundvoraussetzung für den Erfolg auf dem Markt bedeutete.

Zusätzlich zu der Standard-Ausführung gab es ab 1950 auch sogenannte Special-Modelle, die dann den Seriencode ergänzten und PV444AS bzw. BS etc. hießen. Sie hatten eine feinere Ausstattung und mehr Chrom, waren aber in allen Serien technisch identisch.

Für 1950 gab es eine zehnprozentige Leistungsspritze, die durch geänderte Steuerzeiten und anders angeordnete Ventile erreicht wurde. Die Serie PV444A bzw. AS wurde von 1947 bis 1950 angeboten.

So präsentierte sich die neue Volvo-Generation: Horizontaler Kühlergrill erstmals ohne den für Volvo typischen diagonalen Balken, Scheinwerfer in die Kotflügel integriert und beim A-Modell mit wenig Chromzierrat.

Hier wird der PV 444 A bei einer Show in Ostende vorgestellt. Selbstverständlich darf die zeitgenössische Messe-Hostess nicht fehlen.

Nur das A-Modell des PV 444 hatte dieses berauschend schöne Armaturenbrett mit einem großen Tacho in der Mitte und zwei Handschuhfächern.

Die Serie PV444B erhielt im Herbst 1950 neue Stoßstangen. Die einteilige Variante des A-Modells wurde durch eine aufwändigere, dreiteilige Ausführung ersetzt, die auch Stoßstangenhörner spendiert bekam. Das Armaturenbrett wurde komplett neugestaltet und der Tacho war nun kreisrund und besser ablesbar direkt über der Lenksäule positioniert. Der erste Gang bekam nun auch schrägverzahnte Zahnräder spendiert, um das Geräusch zu vermindern. Die Export-Modelle hatten Blinklichter an der B-Säule, die für den heimischen Markt vorgesehenen Wagen mussten noch darauf verzichten.

Dafür gab es aber von 1950 bis 1952 den sogenannten »Kuckuck«, einen Dachblinker, der mit zwei Schrauben auf der Mitte des Dachs montiert wurde, vom Werk »Fixlight« genannt. Allerdings war dieser den meisten Volvo-Leuten regelrecht ein Dorn im Auge und ab der Serie D (Herbst 1952) wurden die Blinker an der B-Säule für alle Modelle verwendet, und zu Beginn des Jahres 1953 wurde der »Kuckuck« in Schweden sogar komplett verboten.

Modell:	**Volvo PV 444 A/AS (erste Modellreihe)**
Bauzeit:	**1947–1950**
Motor:	**4 Zylinder in Reihe**
Bohrung/Hub (mm):	**75 x 80**
Hubraum (cm³):	**1414**
Leistung (PS/kW-min.-1):	**40(29)/3800 (1950: 44(33)/4000) SAE**
Verdichtung:	**6,5:1**
Ventilsteuerung:	**OHV, hängende Ventile**
Gemischaufbereitung:	**1 Carter-Vergaser**
Getriebe:	**3-Gang-Schaltgetriebe**
Bereifung:	**5.00-16**
Bremsanlage:	**Hydraulische Trommelbremsanlage**
Radstand (mm):	**2600**
LängexBreitexHöhe (mm):	**4360x1580x1560**
Karosserien:	**2-türige Limousine**
Anzahl der Sitze:	**4**
Leergewicht (kg):	**ca. 975 kg**
Höchstgeschwindigkeit:	**120 km/h**
Weitere Getriebe:	**Keine**
Weitere Varianten:	**PV 444 AS (1950, bessere Ausstattung)**

Wie in amerikanischen Staaten war auch in Schweden die Nordlandschute, quasi eine außen angebrachte Sonnenblende in Blech, ein beliebtes Zubehör.

Die Neuerungen beim C-Modell (gebaut von 1951 bis 1952) umfassten eine etwas breitere Spur für die Verbesserung der Straßenlage, den Übergang zu Fünflochfelgen und Reifen der Dimension 5.90-15.

Beim D-Modell (1952–1953) kamen eine stärkere Lichtmaschine, eine verbesserte Lenkung und eine optionale Heizung zum Einsatz.

Die zum ersten Mal angebotene Metallic-Lackierung (kastanienbraun) entpuppte sich jedoch als äußerst problematisch und schwer zu pflegen. Auch bleichte sie nach kurzer Zeit schon merklich aus.

Das E-Modell (April 1953 bis Dezember 1954) wartete mit Bosch-Anlasser und dem späteren Übergang vom Carterzu einem Zenith-Vergaser auf. Die Warmwasser-Heizung war nun endlich serienmäßig. Ab November 1954 wurde eine Fünf-Jahres-Garantie eingeführt, die dem Konzern zunächst viel Ärger einbrachte, sich aber dann als enorm verkaufsfördernd erwies. So konnte die Jahresproduktion 1954 gegenüber dem Vorjahr sogar verdoppelt werden und erreichte nahezu 32.000 Exemplare. Die Bezeichnungen F und G wurden übersprungen.

Rechtzeitig zu Weihnachten 1954 erschien das H-Modell mit einer höheren und breiteren Windschutzscheibe, die immer noch geteilt war. Die A- und B-Säulen waren schmäler geworden. Die geteilte Heckscheibe wurde durch eine größere durchgehende Scheibe ersetzt. Die Modellpflege brachte auch größere und höher angebrachte Heckleuchten sowie einen größeren Kofferraum, in dem der Ersatzreifen nun stehend auf der rechten Seite im Kofferraum fixiert war. Außerdem wurden mit Bosch-Zündspule und -Verteiler weitere elektrische Aggregate vom Stuttgarter Hersteller zugekauft. Die HS-Version bekam zusätzlich noch schlauchlose Reifen. Im Sommer 1955 wurde der bisherige Cellulose-Lack durch einen besser zu verarbeitenden synthetischen Lack abge-

löst. Für einige nicht so anspruchsvolle Exportmärkte gab es weniger reichhaltig ausgestattete Export-Modelle. Bei diesem wurde sogar der Ölfilter weggelassen, was in einer doppelten Häufigkeit des Ölwechsels resultierte. Auch in Schweden selbst konnte man die abgespeckten Export-Modelle kaufen. Diese fanden aber bald kaum mehr Käufer.
Für den beginnenden US-Export wurde ein stärkerer Motor mit 70 SAE-PS verwendet, der dann auch im Sportwagen P 1900 zum Einsatz kam.
Mit zwei SU-Vergasern, einer erhöhten Verdichtung von 7,8:1 und einer Nenndrehzahl von 5500 Umdrehungen pro Minute erreichte der Wagen eine Höchstgeschwindigkeit von über 140 km/h. Äußerlich waren die US-Modelle besonders an den Export-Stoßstangen mit einem zusätzlichen oberen Bügel sowie den Blinkern zu erkennen.

Modell:	**Volvo PV444L/LS (letzte Modellreihe)**
Bauzeit:	**1957–1958**
Motor:	**4 Zylinder in Reihe**
Bohrung/Hub (mm):	**79,37 x 80**
Hubraum (cm³):	**1583**
Leistung (PS/kW-min.-1):	**60(44)/4500**
Verdichtung:	**7,5:1**
Ventilsteuerung:	**OHV, hängende Ventile**
Gemischaufbereitung:	**1 Zenith-Vergaser**
Getriebe:	**3-Gang-Schaltgetriebe**
Bereifung:	**5.90-15**
Bremsanlage:	**Hydraulische Trommelbremsanlage**
Radstand (mm):	**2600**
Länge x Breite x Höhe (mm):	**4500 x 1580 x 1560**
Karosserien:	**2-türige Limousine**
Anzahl der Sitze:	**4**
Leergewicht (kg):	**ca. 990 kg**
Höchstgeschwindigkeit:	**140 km/h**
Weitere Getriebe:	**Keine**
Weitere Varianten:	**PV444LS (mit besserer Ausstattung) PV444LS California mit 2 SU-Vergasern und über 70 PS**

Das K-Modell (Ende 1955 bis 1957) bekam endlich die lang erwartete Leistungskur: Durch eine höhere Verdichtung von 7,3:1 und größere Zündkerzen standen jetzt 51 PS bei 4500 Umdrehungen zur Verfügung und gestatteten maximal 130 km/h. Außerdem gab es einen neuen Kühlergrill mit Chromumrandung und für die USA eine Sonderausführung namens »California«, welche viel Anklang fand.
Obwohl Gerüchte schon die Einstellung der Produktion des Buckels voraussagten, erschien, sozusagen als »Final Edition«, das L-Modell (1957 bis 1958). Hier gab es kein Export-Modell mehr, doch die beiden wichtigsten Neuerungen waren die jetzt serienmäßigen Gurtverankerungen für die Vordersitze sowie der aufgebohrte 1,6-Liter-Motor mit gesunden 60 DIN-PS (66 nach SAE-Norm), welcher vom 1956 vorgestellten Amazon übernommen wurde.
Schon zum Jahreswechsel 1950/51 wurde der Import des PV 444 in die Schweiz aufgebaut und im Herbst 1955 das Modell erstmals in den USA vorgestellt. In Deutschland gab es ihn offiziell nicht zu kaufen.
Insgesamt wurden 196.004 Einheiten des PV 444 gebaut, darunter vereinzelte Cabrios von Fremdfirmen, die auf dem Rahmenchassis des Duett basierten. Nachfolger wurde dann der PV 544 mit einer weitgehend identischen Karosserie.

Bauzeit aller PV444-Varianten: 1947 – 1958

Volvo lieferte auch ein Chassis mit der kompletten Technik und der Frontpartie des PV 444, die für Lieferwagenaufbauten oder wie hier für ein Cabrio benutzt wurden. Dieses Cabrio stammt von Valbo und es wurden nur ca. 40 Stück hergestellt.

Dieser Verkaufsprospekt zeigt den PV 444 von 1956 mit dem neuen Kühlergrill und der Luxusausstattung. Ein solches Umfeld wurde für die Aufnahmen im Studio aufgebaut.

Der Buckel-Volvo PV 544 1958–1965

Als Nachfolger des überaus erfolgreichen PV 444 erschien zur Überraschung der automobilen Welt im Spätsommer 1958 der daraus hervorgehende PV 544. Die neue Typbezeichnung sollte andeuten, dass es sich jetzt um eine fünfsitzige Limousine handelt. Die einzelnen Serien wurden wieder mit »A« begonnen. Was hatte sich geändert? Optisch auffälligste Merkmale waren die um 22 Prozent größere, einteilige Frontscheibe mit leichter Wölbung sowie die großen Heckleuchten, deren Gehäuse in Wagenfarbe gehalten war. Volvo war damit wohl der letzte Pkw-Hersteller, der die geteilte Scheibe aufgab (nur beim PV 445 Kombi blieb sie noch zwei weitere Jahre.

Die Anzahl der Modelle wurde konsequent ausgebaut. Es gab das Standard-Modell mit Dreigang-Getriebe, das Modell Special I mit besserer Ausstattung, den Special II, der das Viergang-Getriebe serienmäßig hatte, ebenso wie der vierte im Bunde, das Modell »Sport«. Letzterer bekam noch den »American«-Motor, ein mit zwei SU-Vergasern bestückter B 16, der in den USA mit 85 SAE-PS angegeben wurde, aber mit 76 DIN-PS in Deutschland in der Liste stand. Das war gut für satte 150 km/h und ein bisschen mehr. Überhaupt war der PV 544 der erste Volvo, der in Deutschland eine allgemeine Betriebserlaubnis erhielt, zeitgleich mit dem P 122 S noch 1958.

Für nun immerhin fast 100 Exportmärkte wurden besondere Nuancen des PV 544 kreiert.

Mit der Einführung der B-Serie im August 1960 gab es überarbeitete Getriebe, bei denen endlich auch der erste Gang synchronisiert war, sowie neue Polster, die mehr Seitenhalt boten. Volvo hatte schließlich Einiges für sein sportliches Image getan und die Kunden wollten die Fähigkeiten des Wagens häufig auch ausnutzen.

Größere Neuigkeiten gab es dann wieder beim C-Modell ab August 1961, für welches ein größerer 1,8-Liter-Motor (B 18) entwickelt worden war. Dieser erhielt jetzt eine fünffach gelagerte Kurbelwelle, was Laufruhe und Langlebigkeit zu gute kam. Die Leistung des Standard-Modells stieg nun von 66 auf 75 SAE-PS (68 DIN-PS), die der Sport-Ausführung von 85 auf 90 SAE-PS (80 DIN-PS).

Außerdem wurden das Kühlsystem verbessert, das Fahrwerk verfeinert und ein Zwölf-Volt-Bordnetz installiert. Der modische Bandtacho zeigte nun bis 180 km/h an! Aus den bisherigen Modellen Standard und Special I entstand das Modell »Favorit« mit dem schwächeren Motor und dem Dreigang-Getriebe. Das jetzige Modell »Special« hatte denselben Motor, aber das Viergang-Getriebe an Bord. Dem Sport-Modell war der Motor mit 80 DIN-PS vorbehalten, natürlich ebenfalls mit vier Gängen kombiniert. Das D-Modell (ab August 1962) wurde wieder sanft modellgepflegt mit neuen Radkappen mit dem V-Emblem und geändertem Interieur sowie Kriechöl in den Hohlräumen der Karosserie für nochmals verbesserten Rostschutz. Die Serien E (ab August 1963) und F (ab August 1964) zeigten nur geringfügige Änderungen, wie weitere Lackfarben und Dekore. Mit der Serie G (August bis Oktober 1965) fügte Volvo beim Sport-Modell noch ein kleines Ausrufezeichen hinzu, indem die Leistung auf 95 SAE-PS (86 DIN-PS) stieg. Am 20. Oktober 1965 fuhr der letzte Buckel-Volvo mit der Fahrgestell-Nummer 440000 vom Montageband – 18 Jahre hatte die Produktion gedauert. Auch heute noch hat das Modell eine große Fangemeinde und stellt seine Unverwüstlichkeit unter Beweis.

Bauzeit aller PV 544-Varianten: 1958 – 1965

Modell:	Volvo PV544 A (erste Modellreihe)
Bauzeit:	1958-1960
Motor:	4 Zylinder in Reihe
Bohrung/Hub (mm):	79,37 x 80
Hubraum (cm^3):	1583
Leistung (PS/kW-min.-1):	60(44)/4500
Verdichtung:	7,5:1
Ventilsteuerung:	OHV, hängende Ventile
Gemischaufbereitung:	1 Zenith-Vergaser
Getriebe:	3-Gang-Schaltgetriebe
Bereifung:	5.90-15
Bremsanlage:	Hydraulische Trommelbremsanlage
Radstand (mm):	2600
Länge x Breite x Höhe (mm):	4450 x 1590 x 1560
Karosserien:	2-türige Limousine
Anzahl der Sitze:	5
Leergewicht (kg):	ca. 970 kg
Höchstgeschwindigkeit:	140 km/h
Preis:	DM 8.145 (1958-60)
Weitere Getriebe:	keine
Weitere Varianten:	PV544A Special I (bessere Ausstattung) PV544A Special II (4-Gang) PV544A Sport (4-Gang und 76 DIN-PS)

Modell:	Volvo PV544G Sport (letzte Modellreihe)
Bauzeit:	1965
Motor:	4 Zylinder in Reihe
Bohrung/Hub (mm):	84,14 x 80
Hubraum (cm^3):	1778
Leistung (PS/kW-min.-1):	86(63)/5500
Verdichtung:	8,2:1
Ventilsteuerung:	OHV, hängende Ventile
Gemischaufbereitung:	2 SU-Vergaser Typ H4
Getriebe:	4-Gang-Schaltgetriebe
Bereifung:	5.90S15
Bremsanlage:	Hydraulische Trommelbremsanlage
Radstand (mm):	2600
LängexBreitexHöhe (mm):	4450x1590x1560
Karosserien:	2-türige Limousine
Anzahl der Sitze:	5
Leergewicht (kg):	ca. 970 kg
Höchstgeschwindigkeit:	160 km/h
Preis:	DM 8.950
Weitere Getriebe:	keine
Weitere Varianten:	PV544G Favorit (4-Gang, 68 PS) PV544G Special (4-Gang, 75 PS)

Mit dem PV 544 erzielte Volvo internationale Rallyeerfolge. Hier gewinnen die Brüder Singh gerade die East African Safari Rallye 1965.

Der klassische Buckel-Volvo. Ein PV 544 der letzten Baujahre, erkennbar an den Radkappen und dem Typenschild unterhalb der A-Säule.

Die hervorragende Sicherheit demonstriert Volvo mit einem Überschlagstest auf dem Frankfurter Messegelände. Der Fahrer des PV 544 hat den von Volvo entwickelten Dreipunkt-Sicherheitsgurt angelegt.

Auf dieser »Buckel«-Piste in Stora Holm wurde das Fahrwerk des PV 544 immer wieder strapaziert, damit es auch den Ansprüchen der Kunden standhält.

Ein PV 544 Special in voller Fahrt.
Es ist das Modell von Anfang der 1960er-Jahre.

Da ist er, der neue PV 544. Wie branchenüblich benutzte auch Volvo für die Präsentation charmante junge Damen.

Das Armaturenbrett beim PV 544 ist recht sachlich gestaltet, obwohl der Bandtacho doch eher ein Zugeständnis an den Zeitgeist ist.

Der Buckel-Volvo-Kombi PV 445 und P 210 1950 – 1969

Für die weiten Waldgebiete und die vielen dünn besiedelten Gebiete in Schweden wurden sparsame kleine Nutzfahrzeuge immer wichtiger. So entschied man sich bei Volvo Ende der 1940er-Jahre auf Basis des neuen PV 444 auch ein Chassis mit gleicher Motorisierung anzubieten, welches dann von verschiedenen Firmen mit Aufbauten für Lieferwagen, Krankenwagen und andere Kunden versehen wurde. Im Prinzip waren diese PV 445 genannten Ausführungen technisch eng mit den Limousinen verwandt und hatten auch meistens die sogenannte Torpedofront, sie teilten die gesamte Frontpartie bis zur Windschutzscheibe mit der Limousine. Ein Unterschied war der Kühlergrill, der eine Querstrebe mehr erhielt, was durch die »5« in der Typbezeichnung angedeutet wird. Ansonsten entsprach das Chassis der althergebrachten Getrenntbauweise. So waren die Umbauten trotz magerer Ausstattung viel schwerer als die Limousine, doch ungleich geräumiger und sie brillierten mit etwa 500 Kilogramm Nutzlast.

Bis Ende 1952 hatte Volvo bereits ca. 1700 Chassis an Karosseriebetriebe wie Valbo, Nordberg oder Grip geliefert, die daraus einen ansehnlichen Kombi machten. Ab 1953 wollte dann Volvo auch selbst von diesem Marktsegment profitieren und legte einen Fensterkombi und je nach Modelljahr auch einen Lieferwagen mit verblechten Fenstern auf. Anfänglich noch mit dem B4B-Motor, dann über den B14-Antrieb zum B16A-Motor übergehend, machte der Kombi die gleichen motorseitigen Verbesserungen mit wie die Limousine, wobei die stärkeren Zweivergaser-Ausführungen nicht lieferbar waren.

Das Chassis wurde insgesamt bis Mitte 1960 mit der Optik des PV 444 angeboten und für den Zeitraum 1960-62 in geringer Stückzahl mit der Front des PV 544 und der Bezeichnung P 210.

Es war wohl vorgesehen, dass die Buckel-Kombis nach der Einführung des Amazon-Kombis auslaufen sollten, weshalb man den PV 445 zwei Jahre länger gebaut hat als die entsprechende Limousine, doch 1960 schwenkte Volvo dann trotzdem zu einer Fortsetzung der Serie um, die

Modell:	**Volvo PV445 DH (erste Modellreihe)**
Bauzeit:	**1953**
Motor:	**4 Zylinder in Reihe**
Bohrung/Hub (mm):	**75 x 80**
Hubraum (cm³):	**1414**
Leistung (PS/kW-min.-1):	**44(29)/3800**
Verdichtung:	**6,5:1**
Ventilsteuerung:	**OHV, hängende Ventile**
Gemischaufbereitung:	**1 Zenith-Vergaser**
Getriebe:	**3-Gang-Schaltgetriebe**
Bereifung:	**6.40-15**
Bremsanlage:	**Hydraulische Trommelbremsanlage**
Radstand (mm):	**2600**
Länge x Breite x Höhe (mm):	**4400 x 1600 x 1680**
Karosserien:	**2-türiger Kombi**
Anzahl der Sitze:	**4**
Leergewicht (kg):	**ca. 1140 kg**
Höchstgeschwindigkeit:	**130 km/h**
Weitere Getriebe:	**Keine**
Weitere Varianten:	**Fensterkombi oder Lieferwagen, Chassis für Fremdaufbauten**

Der PV 445 hatte abweichend von der Limousine einen Kühlergrill mit fünf Querstreben, was sich auch in der Modellbezeichnung wiederfindet.

dann auch die durchgehende Frontscheibe des PV 544 bekam. Die Motorisierungen orientierten sich weiterhin an der Standard-Ausführung des PV 544.

So kam der seit 1953 intern als »Duett« bezeichnete Kombi als P 210 (das »V« war seit 1960 bei allen Volvo-Modellen stillschweigend entfallen) zum größeren B18A-Motor, dessen Leistungssteigerung in der Limousine auch der Kombi bis zur letzten Ausführung mit 80 PS mitmachte.

Was niemand vermutet hätte: Nach dem Serienende der Buckel-Limousine im Herbst 1965 lief der Kombi noch satte vier Jahre weiter, bis dann auch für ihn im Sommer 1969 endgültig Schluss war. Die Fans hatten ihm lange die Treue gehalten.

Damit hatte Volvo eine Zeit lang von drei völlig verschiedenen Generationen gleichzeitig die Kombi-Varianten in Produktion. Von 1961 bis 1969 liefen sozusagen nebeneinander die Lastesel Duett, Amazon und ab 1968 auch der Volvo P 145 vom Band.

Vom Duett hat es das Chassis für Fremdaufbauten nur noch bis Sommer 1962 gegeben, dann wurde es eingestellt. Auch der P 210 Duett wurde gerne für Sonderaufbauten verwendet, so war er mit Polizeiausrüstung, als Feuerwehr oder Krankenwagen nicht ungewöhnlich. Auch das schwedische Militär setzte ihn ein und die letzten Exemplare gingen in Orange mit der Beschriftung »Tele« an die schwedische Telefongesellschaft Televerket.

Neben der rundum verglasten Variante gab es auch den Lieferwagen, der bei Kleingewerbe und Handwerkern sehr beliebt war.

Die letzte Serie der PV 445 hatte den Kühlergrill vom neuen PV 544 bekommen. Hier ist er im Hobbyeinsatz unterwegs.

Modell:	Volvo P210 (letzte Modellreihe)
Bauzeit:	1969
Motor:	4 Zylinder in Reihe
Bohrung/Hub (mm):	84,14 x 80
Hubraum (cm³):	1778
Leistung (PS/kW-min.-1):	75(59)/5000
Verdichtung:	8,7:1
Ventilsteuerung:	OHV, hängende Ventile
Gemischaufbereitung:	1 Stromberg-Vergaser
Getriebe:	4-Gang-Schaltgetriebe
Bereifung:	6.40-15
Bremsanlage:	Hydraulische Trommelbremsanlage
Radstand (mm):	2600
Länge x Breite x Höhe (mm):	4400 x 1600 x 1680
Karosserien:	2-türiger Kombi
Anzahl der Sitze:	5
Leergewicht (kg):	ca. 1200 kg
Höchstgeschwindigkeit:	135 km/h
Weitere Getriebe:	Keine
Weitere Varianten:	Fensterkombi oder Lieferwagen

Bauzeit aller PV 445-Varianten: 1953–1960.
Bauzeit aller P 210-Varianten: 1960–1969.

Die letzten Modelle des P 210 wurden 1969 an die schwedische Telefongesellschaft Televerket geliefert. Sie waren zur Wartung der Überlandleitungen im Einsatz.

Mit umgelegter Rücksitzbank bietet der P 210 einen enorm großen Laderaum, der hier gut zu erkennen ist.

Für Arbeit, Freizeit und Familie. So kam der Name Duett zustande, der übrigens nie als Schriftzug am Fahrzeug angebracht war.

Die sportlichen Volvo

P1900 mit Kunststoff-Karosserie

So konservativ Volvo nach außen hin bis Mitte der 1950er-Jahre erschien, so innovativ zeigten sich die Techniker und vor allem die Designer. Im Jahr 1956 stellte Volvo seine Idee für einen leichten, zweisitzigen Sportwagen vor, den P 1900. Das war nicht einfach eine gestrippte Version des PV 444, sondern ein völlig eigenständiges Modell mit einer typischen Sportwagen-Form wie man sie aus Italien und England kannte.
Die Überraschung war nicht unter der Karosserie zu suchen, es war die Karosserie selbst, die zwar keine ganz neue Form hatte, aber doch noch sehr ungewöhnlich war – sie war nämlich aus Kunststoff.

Chevrolet hatte es mit der Corvette und Kaiser mit dem Modell Darrin vorexerziert. Es wurde extra ein spezielles Chassis entwickelt, welches durch Löcher im Rahmen zwar nicht an Festigkeit, so doch Einiges an Gewicht verlor.
Die bekannte US-Firma Glasspar trug mit ihrer Erfahrung im Kunststoff-Karosseriebau zum schnell fertigen Design und hochwertigen Aufbau bei und mindestens das erste Dutzend Karossen wurde auch von dieser Firma nach Schweden geliefert. Der neue B14A-Motor wurde mittels zweier SU-Vergaser auf respektable 70 SAE-PS (ca. 60 DIN-PS) gebracht, was zu einer Höchstgeschwindigkeit von 155 km/h führte. Leider war dem P 1900 kein Erfolg beschieden, nur 67 Exemplare verließen das Werk und der neue Volvo-Chef Gunnar Engellau stoppte die Produktion sofort, insbesondere da die Qualität des P1900 bei weitem nicht den Volvo-Standard erreichte.

Mit dem P 1900 machte Volvo 1956 einen ersten Versuch mit einem Sportwagen. Wegen der Probleme mit der Kunststoffkarosserie blieb es jedoch bei nur 67 Exemplaren.

Modell:	Volvo P1900
Bauzeit:	1956 – 1957
Motor:	4 Zylinder in Reihe
Bohrung/Hub (mm):	75 x 80
Hubraum (cm^3):	1404
Leistung (PS/kW-min.-1):	70(51)/5500
Verdichtung:	7,8:1
Ventilsteuerung:	OHV, hängende Ventile
Gemischaufbereitung:	2 SU-Vergaser
Getriebe:	3-Gang-Schaltgetriebe
Bereifung:	5.90S15
Bremsanlage:	Hydraulische Trommelbremsanlage
Radstand (mm):	2400
Länge x Breite x Höhe (mm):	4220 x 1575 x 1340
Karosserien:	2-türiges Sport-Cabrio
Anzahl der Sitze:	2
Leergewicht (kg):	ca. 850 kg
Höchstgeschwindigkeit:	155 km/h
Weitere Getriebe:	Keine
Weitere Varianten:	Keine

P1800, P1800 S, 1800 E und 1800 ES

Zwar war der P 1900 ein teurer Flop gewesen, doch so ganz wollte Engellau den lukrativen US-Markt für exklusive Fahrzeuge nun doch nicht außer Acht lassen. Zumal Volvo ein immer stärker exportorientiertes Unternehmen wurde.

Dieses Mal plante man vollkommen anders. Das Design stammte vom Schweden Pelle Petterson, der nach seinem Studium bei Frua in Italien arbeitete. Dort wurden dann auch die Prototypen hergestellt und nach einer Entwicklungszeit von etwa vier Jahren stellte Volvo das neue Modell selbstbewusst aus. Auf der technischen Basis des aktuellen Amazon-Modells entstand ein sportlich-elegantes Coupé mit vier Sitzen, wobei die hinteren Plätze eher für Kinder taugten. Als Werkstoff diente wieder der altbe-

Den P 1800 von 1961, also aus der ersten in England gefertigten Serie, erkennt man an den Radkappen, dem lackierten Lufteinlass vor der Frontscheibe und dem Schriftzug auf der C-Säule.

Vom amerikanischen Importeur Volvoville wurden rund 50 Exemplare des P 1800 sehr professionell zum Cabrio umgebaut. Er ist heute eines der seltensten und gesuchtesten Modelle.

Roger Moore machte in den 1960er-Jahren den P 1800 mit der Fernsehserie »The Saint«, in Deutschland als »Simon Templar« gesendet, sehr bekannt. Dieser Wagen stammt aus seinem Privatbesitz und steht jetzt im Volvo-Museum.

währte Karosseriestahl und mangels Fertigungsmöglichkeit in Schweden ging der Auftrag an die britische Firma Pressed Steel, zumal die vielen Sicken und gewölbten Bleche schwer herzustellen waren. Auch der Zusammenbau mit Technik und Ausstattung wurde nach England an die Firma Jensen vergeben und so entstanden von 1961 bis Anfang 1963 exakt 6000 Exemplare des P1800 (Serie A).

Sogar Roger Moore fuhr in der TV-Serie »The Saint«, im deutschen Fernsehen als »Simon Templar« bekannt, einen solchen Volvo, was die Popularität des P1800 unglaublich pushte. Die Rechnung ging also auf.

Mit einem auf 2450 Millimeter verkürzten Radstand, den doppelten Dreiecks-Querlenkern samt Schraubenfedern und Stabilisator vorne, der zwar starren, jedoch an Schubstreben geführten Hinterachse konnte der neue Volvo fahrwerksmäßig imponieren. Auch die Gasdruck-Stoßdämpfer und die vorderen Scheibenbremsen waren 1961 noch bei weitem nicht selbstverständlich.

Der B18B-Motor leistete mit 90 DIN-PS nochmals 10 PS mehr als der gleichzeitig angebotene PV544 Sport und lief damit knapp über 170 km/h. In Deutschland kostete der Sport-Volvo so viel wie ein Porsche 1600 Super 90 Cabrio.

Modell:	**Volvo P1800 (Serie A)**
Bauzeit:	**1961–1963**
Motor:	**4 Zylinder in Reihe**
Bohrung/Hub (mm):	**84,14 x 80**
Hubraum (cm³):	**1761**
Leistung (PS/kW-min.-1):	**90(66)/5500**
Verdichtung:	**9,5:1**
Ventilsteuerung:	**OHV, hängende Ventile**
Gemischaufbereitung:	**2 SU-Vergaser Typ HS6**
Getriebe:	**4-Gang-Schaltgetriebe**
Bereifung:	**165S15**
Bremsanlage:	**Vorn Scheiben, hinten Trommeln**
Radstand (mm):	**2450**
Länge x Breite x Höhe (mm):	**4400 x 1697 x 1282**
Karosserien:	**2-türiges Coupé**
Anzahl der Sitze:	**2+2**
Leergewicht (kg):	**ca. 1150 kg**
Höchstgeschwindigkeit:	**173 km/h**
Preis:	**DM 17.550 (Overdrive + DM 800)**
Weitere Getriebe:	**zusätzliches Overdrive**

Dem Joint Venture mit Pressed Steel und Jensen war wegen etlicher Qualitätsmängel nur eine kurze Dauer beschieden und ab Frühjahr 1963 holte man die Produktion nach Göteborg. Ab da lautete die Typbezeichnung dann P1800S, wobei das »S« für Schweden stand.

Ab Herbst 1963 (Serie D) gab es bereits eine Leistungsspritze von sechs PS, was hauptsächlich für die Beschleunigung gut war. Die Serie E (Modell 1965) bekam auch äußerlich deutliche Änderungen wie einen neuen Alu-Kühlergrill und gummibelegte Stoßfänger, wobei jetzt auch die vorderen gerade gestaltet waren. Verbesserte Sitze und eine erweiterte Farbauswahl kamen den Kunden entgegen.

Den Concours d´Élegance in Baden-Baden gewann der Volvo P1800S übrigens auch.

Das Modell 1966 zeigte eine nochmals erhöhte Leistung von 103 DIN-PS, was durch ein höheres Kompressionsverhältnis von jetzt 10,0:1 und einer geänderten Abgasanlage erreicht wurde und maximal 180 km/h ermöglichte. Pirelli-Cinturato-Reifen gab es serienmäßig.

Für das Modelljahr 1967 wurde die seitliche Zierlinie gerade und für 1968 gab es ein Dreispeichenlenkrad.

Das 69er-Modell wurde nun einer größeren Pflege unterzogen und bekam den neuen B20-Motor spendiert, der zwar nur eine um zwei Pferde höhere Leistung hatte, doch eine merkliche Zunahme an Drehmoment (plus 10 Prozent) zeigte. Zur Verbesserung des Abgasverhaltens (wichtig für den US-Markt) wurde die Kompression leicht zurückgenommen und je nach Markt wurden die Motoren entweder mit Stromberg- oder SU-Vergasern ausgeliefert. Die hydraulische Kupplung wurde durch eine per Seilzug betätigte ausgetauscht, wie sie in der mittlerweile gebauten P140er Serie verbaut war. Außerdem wurde das Volvo-typische Zweikreis-Bremssystem eingeführt, bei dem jeder Kreis auf beide Vorderräder und ein Hinterrad wirkt. Dadurch stehen beim Ausfall eines Kreises immer noch drei gebremste Räder zur Verfügung.

Mit dem P 1800 E (Modelljahr 1970) ging Volvo zur Bosch D-Jetronic Benzineinspritzung über, wodurch die B20E-Maschine nun satte 120 DIN-PS bei 6000 Umdrehungen erreichte. Die Verdichtung stieg hierbei auf den bislang bei Volvo höchsten Wert von 10,5:1. Die Höchstgeschwindigkeit lag nun bei 185 km/h. Für das 71er-Modell wurden sogar 124 DIN-PS angegeben (135 SAE-PS). Neu war auch die Vierscheiben-Bremsanlage von Girling.

Man erkannte das neue Modell an dem schwarz unterlegten Kühlergrill und den neuen Rädern mit breiteren 185/70er-Reifen. Außerdem wanderte der Tankeinfüllstutzen vom Heck an die Seite und wurde mit dem Entlüftungsgitter kombiniert. Im Innenraum wurde das Armaturenbrett jetzt mit einem Holzimitat überzogen und die Instrumente erhielten eine schwarze Einfassung. Noch bis 1972 wurde der P 1800 E gebaut.

Schon Mitte der 60er-Jahre dachte man bei Volvo an einen Nachfolger bzw. eine gründliche Überarbeitung des Coupés nach. Dabei wurde man auf einen Entwurf der italienischen Karosserieschmiede Fissore aufmerksam, die auf Basis des 1800ers eine Fastback-Karosserie geschaffen hatte. Obwohl man am Anfang durchaus skeptisch war, entstand eine Reihe von Prototypen und die Entwicklung führte dann zum sogenannten »Schneewittchensarg«, dem Volvo P 1800 ES. Die Karosserieform würde man heutzutage »Shooting Break« nennen. Bis zur B-Säule war sie mit dem normalen P 1800 E-Coupé nahezu identisch, dahinter jedoch dehnte sich eine lange Seiten-

Modell:	**Volvo P1800ES**
Bauzeit:	**1971–1973**
Motor:	**4 Zylinder in Reihe**
Bohrung/Hub (mm):	**88,9 x 80**
Hubraum (cm³):	**1954**
Leistung (PS/kW-min.-1):	**124(91)/6000**
Verdichtung:	**10,5:1**
Ventilsteuerung:	**OHV, hängende Ventile**
Gemischaufbereitung:	**Bosch Benzineinspritzung**
Getriebe:	**4-Gang-Schaltgetriebe mit Overdrive**
Bereifung:	**185/70HR15**
Bremsanlage:	**Scheibenbremsen rundum von Girling**
Radstand (mm):	**2450**
Länge x Breite x Höhe (mm):	**4385 x 1697 x 1285**
Karosserien:	**2-türiger Sport-Kombi**
Anzahl der Sitze:	**2+2**
Leergewicht (kg):	**ca. 1190 kg**
Höchstgeschwindigkeit:	**185 km/h**
Preis:	**DM 25.150**
Weitere Getriebe:	**3-Gang-Automatik von Borg Warner**

Wegen der großzügigen Verglasung des Hecks erhielt der P 1800 ES den Spitznamen »Schneewittchensarg«. Diese markante Heckgestaltung wurde bei späteren Volvo-Modellen immer wieder gerne neu interpretiert.

scheibe aus und machte den P 1800 ES zu einem Sport-Kombi, der sich durch die hintere, weit heruntergezogene Glastür auszeichnete. Dadurch nahm man dem Modell das Nutzfahrzeughafte eines reinen Kombis. Die technische Basis und die Innenraumgestaltung waren mit der des P 1800 E identisch. Von 1971 bis 1973 wurden immerhin noch 8078 ES-Versionen hergestellt. Dann beendete Volvo die Produktion des feinen Wagens.

Bauzeit aller P1900: 1956–1957.
Bauzeit aller P1800 Coupé: 1961–1972.
Bauzeit aller P1800 ES Combi-Coupé: 1971–1973.

Am Heck hatte das Coupé immer eine gerade Stoßstange, die »Kuhhörner« gab es nur vorne und nur bis 1966. Eine Zeitlang wurden wie bei diesem hier zusätzliche Rückstrahler montiert, die mancher TÜV verlangte.

Die Volvo-Amazonen

Ein viertüriger, kompakter Volvo hatte lange im Lieferprogramm gefehlt, außerdem kam der »Buckel« schon ziemlich in die Jahre.

Volvo sah sich zum Handeln gezwungen. Noch vor der Entwicklung des Sportwagens P1800 lag die Hauptttätigkeit der Entwickler auf dem modernen »Amazon«-Modell, welches im Herbst 1956 als Viertürer vorgestellt wurde. Eine gefällig gezeichnete Ponton-Karosserie mit zweigeteiltem horizontalen Kühlergrill und dem großen Kofferraum wurde lange diskutiert und immer wieder verworfen, doch letzten Endes setzte sich der Entwurf von Jan Wilsgaard durch.

Mit relativ bescheidenen Mitteln sollte dem PV444 eine viertürige Limousine zur Seite gestellt werden und auf demselben Radstand basieren. Doch die Karosserie hatte letzten Endes nichts mehr mit dem »Buckel« gemein und aus dem P121 (»Amazon«) entwickelte sich eine äußerst erfolgreiche Modellreihe. Lieferbar ab August 1956, stand zu Beginn seiner Karriere nur der damals neue B16-Motor mit 60 DIN-PS zur Verfügung, offensichtlich etwas zu wenig für die geräumige Limousine. Im Jahr der Präsentation des Serienmodells (1956) trat dann der seit 1925 amtierende Präsident Assar Gebrielsson zurück und Gunnar Engellau wurde seine Nachfolger. Er blieb bis 1971 im Amt.

Der neue Volvo war in Konkurrenz mit den Mercedes-Ponton-Modellen, diversen englischen Mittelklassefahrzeugen sowie dem Peugeot 403 und dem Fiat 1400, die fast allesamt eine vergleichbare Formensprache pflegten. Der ursprünglich vorgesehene Name »Amazon« musste jedoch aus Gründen des Markenschutzes schon bald aufgegeben werden, und man entschloss sich, wieder auf das übliche Nummernsystem zurückzugreifen. So gab es für das zweite Modelljahr (1958) nicht nur wahlweise einen stärkeren Motor mit 76 PS und ein Viergang-Getriebe, sondern auch die Bezeichnung als Modell 122S. Die alte Dreigang-Box aus dem PV444 war nicht mehr zeitgemäß gewesen. Die Höchstgeschwindigkeit stieg auf 150 km/h.

Modell:	**Volvo PV121 (erste Modellreihe)**
Bauzeit:	**1956–1961**
Motor:	**4 Zylinder in Reihe**
Bohrung/Hub (mm):	**79,37 x 80**
Hubraum (cm³):	**1575**
Leistung (PS/kW-min.-1):	**60(44)/4500**
Verdichtung:	**7,5:1**
Ventilsteuerung:	**OHV, hängende Ventile**
Gemischaufbereitung:	**1 Zenith-Vergaser**
Getriebe:	**3-Gang-Schaltgetriebe**
Bereifung:	**5.90-15**
Bremsanlage:	**Hydraulische Trommelbremsanlage**
Radstand (mm):	**2600**
Länge x Breite x Höhe (mm):	**4390 x 1610 x 1505**
Karosserien:	**4-türige Limousine**
Anzahl der Sitze:	**5**
Leergewicht (kg):	**ca. 1050 kg**
Höchstgeschwindigkeit:	**145 km/h**
Preis:	**DM 9.950 (1961)**
Weitere Getriebe:	**4-Gang-Schaltgetriebe (ab Modell 58)**
Weitere Varianten:	**P122S mit 76 PS**

Wie immer benannte Volvo seine Fahrzeuge pro Modelljahr mit einem Buchstaben-Code. Die Serie A lief von 1956 bis 1958, die Serie B stand für die 59er- und 60er-Modelle. Am Ende war man für 1967 bei der Serie M angelangt.

In den USA wurde der Amazon erst im April 1959 vorgestellt, nachdem eine gute Serienqualität erreicht worden war. Es gab dort auch nur die stärkere Maschine mit 85 SAE-PS zu kaufen.

Für das Modelljahr 1961 (Serie D) wurden neue Getriebe vorgestellt. Es gab sogar wieder eine Dreigang-Schaltung

So sieht man den »Amazon« heute am häufigsten: Die zweitürige Limousine aus den späten 1960er-Jahren.

für die schwächere Motorisierung, die mit einem Overdrive kombiniert werden konnte. Und speziell für den amerikanischen Markt kam eine Halbautomatik dazu, die am Lenkrad geschaltet wurde und dadurch eine vordere Sitzbank statt der Einzelsitze ermöglichte.

Änderungen in der Serie brachten für das 62er-Modell (Serie E) den B18-Motor in zwei Leistungsstufen mit 68 (121) bzw. 80 PS (122S), neue, bequemere Sitze, asymmetrisches Abblendlicht und endlich ein 12-Volt-Bordnetz. Von außen erkannte man die modellgepflegten Amazonen am neuen Kühlergrill, der feinere Maschen zeigte. Eine wichtige Ergänzung des Modellprogramms war die Einführung der zweitürigen Version (intern 131 bzw. 132S genannt). Ein viertüriger Kombi ließ nur wenige Monate auf sich warten. Das Modelljahr 1962 entpuppte sich damit als überaus erfolgreich und der Ausstoß an Amazonen nahm von 29.900 im Modelljahr 1961 auf 40.400 Exemplare zu.

Volvo hatte auch immer ein Interesse an sportlichen Fahrzeugen. Dies wird hier mit dem 123 GT verwirklicht, der allerdings nie serienmäßig die hier zu sehenden verchromten Felgen hatte.

Sehr elegant wirkt der zweifarbige Viertürer mit Weißwandreifen aus der ersten Serie. Entsprechend groß ist das Publikumsinteresse.

Die Exporterfolge von Volvo repräsentiert dieser frühe Amazon in US-Ausführung, zu erkennen an der vorderen Stoßstange.

Modell:	Volvo P122 S
Bauzeit:	1962–67
Motor:	4 Zylinder in Reihe
Bohrung/Hub (mm):	84,14 x 80
Hubraum (cm³):	1761
Leistung (PS/kW-min.-1):	80(59)/5000
Verdichtung:	8,5:1
Ventilsteuerung:	OHV, hängende Ventile
Gemischaufbereitung:	2 SU-Vergaser Typ HS6
Getriebe:	4-Gang-Schaltgetriebe
Bereifung:	5.90S15
Bremsanlage:	Vorne Scheiben, hinten Trommeln
Radstand (mm):	2600
Länge x Breite x Höhe (mm):	4450 x 1620 x 1505
Karosserien:	2- oder 4-türige Limousine
Anzahl der Sitze:	5
Leergewicht (kg):	ca. 1100 kg
Höchstgeschwindigkeit:	160 km/h
Preis:	DM 10.950 (1963)
Weitere Getriebe:	3-Gang-Schaltgetriebe mit Overdrive, Automatik-Getriebe
Weitere Varianten:	P122S mit 76 PS

Modell:	Volvo P220
Bauzeit:	1962-67(69)
Motor:	4 Zylinder in Reihe
Bohrung/Hub (mm):	84,14 x 80
Hubraum (cm³):	1761
Leistung (PS/kW-min.-1):	68(50)/4500
Verdichtung:	7,5:1
Ventilsteuerung:	OHV, hängende Ventile
Gemischaufbereitung:	1 Zenith Typ 36
Getriebe:	4-Gang-Schaltgetriebe
Bereifung:	6.40-15
Bremsanlage:	Hydraulische Trommelbremsen, ab 1965 vorne Scheibenbremsen
Radstand (mm):	2600
Länge x Breite x Höhe (mm):	4450 x 1620 x 1530
Karosserien:	4-türiger Kombi
Anzahl der Sitze:	5
Leergewicht (kg):	ca. 1150 kg
Höchstgeschwindigkeit:	145 km/h
Preis:	DM 12.350 (1965)
Weitere Getriebe:	4-Gang-Schaltgetriebe
Weitere Motoren:	Ab 1965 auch mit 80 PS Ab 1968 mit B20-Motor und 82 PS

Die Motoren für die neuen Varianten waren natürlich gleich wie beim bisherigen 121/122S und die Modellbezeichnungen änderten sich auch nicht. Nur das Fabrikschild zeigte bei den Zweitürern die Codierung 131 bzw. 132. Der Kombi musste sich allerdings mit dem 66 PS-Motor zufriedengeben. Er wurde als Modell 221 geführt.

Damit der Kombi auch eine möglichst niedrige Ladekante bekommen konnte, mussten die Hinterachsaufhängung und -federung komplett umkonstruiert werden. Als Besonderheit, die sich vielleicht auch am amerikanischen Markt orientierte, führte Volvo die Heckklappe zweigeteilt aus: die Heckscheibe klappte nach oben, so dass auch mit offenem Heckfenster und längerer Ladung gefahren werden konnte.

Im Ganzen hatte der Amazon jetzt die Rolle des in Hinsicht auf Unfallsicherheit führenden Fahrzeugs im Konzern eingenommen. Neben Gurtverankerungen (die Gurte wurden zunächst von den Händlern eingebaut und ab 1959 serienmäßig im Werk installiert) und optionalen, verstellbaren Kopfstützen, nahm man sich, genau wie Mercedes-Benz, die Fahrgastzelle und die Knautschzone vor. Auch Sicherheitsschlösser fanden Eingang in die Serie. Gepolsterte Innenausstattungen in Türen und auf dem Armaturenbrett komplettierten das Ganze.

Für das Modelljahr 1964 nahm Volvo ein völlig neues Getriebe ins Programm: die Dreigang-Automatik BW35 von Borg Warner, welche besonders auf dem US-Markt großen Anklang fand. Außerdem gab es wieder einen neuen Kühlergrill.

Das Folgejahr brachte vordere Scheibenbremsen von Girling und die Vordersitze wurden speziell nach ergonomischen Gesichtspunkten entwickelt. Mit einem Schraubendreher konnte man sogar Rückenstützen im Sitz einstellen. Die gesamte Innenausstattung war neugestaltet worden. Für 1966 wurde die Leistung des S-Modells mit 86 DIN-PS angegeben und die Schmierstellen an der Vorderachse und der Kardanwelle gehörten nun der Vergangenheit an. Erstmals konnte jetzt der Kombi auch mit dem stärkeren Motor bestellt werden.

Nachdem die Buckel-Limousine ab Herbst 1965 nicht mehr im Angebot stand, nahm Volvo dies zum Anlass, auch Kunden, die sich keinen normalen 121er leisten konnten, bei der Stange zu halten. In Form des ziemlich abgespeckten, nur mit zwei Türen erhältlichen »121 Favorit«, der nun wieder nur ein Dreigang-Schaltgetriebe aufwies, wurde dem Rechnung getragen. Drei Modelljahre lang (1966 bis 1968) stellte der Favorit das Einstiegsmodell in die Volvo-Welt dar.

Im Herbst 1966 wurde die neue Modellgeneration der Serie 140 vorgestellt, wodurch die viertürigen Amazonen quasi unnötig wurden. So verkaufte man vom 121/122 S im Modelljahr 1967 nur noch 9.160 Stück, während vom 144 im gleichen Zeitraum über 37.000 Exemplare das Werk verließen. Die Zweitürer blieben jedoch neben dem 142/142 S noch bis zum Modelljahr 1970 im Angebot und bekamen ab dem 69er-Modell sogar noch den größeren

B20-Motor mit wahlweise 90 bzw. 100 DIN-PS spendiert. Die 220er Kombis wurden noch bis ins Modelljahr 1969 hinein angeboten. Das Jahr 1970 brachte für die nur noch als Zweitürer erhältlichen Amazonen auch Gurte auf den Rücksitzen. Außerdem erhielten die letzten Modelle die Zweikreis-Bremsanlage der 140er Serie.

Das heute begehrteste Modell aus der Amazon-Serie war die von 1967 bis 1970 offerierte sportlichste Version unter der Bezeichnung 123 GT. Nur mit zwei Türen lieferbar, rüstete das Werk dieses Spitzenmodell mit einem auf 96 DIN-PS erstarkten B18-Motor aus. Natürlich bekam es ein Viergang-Getriebe mit Overdrive von Laycock-de-Normanville (LdN).

Mit einer Höchstgeschwindigkeit von 170 km/h übertraf der 123 GT den Mercedes 200 und sogar den BMW 2000. Die Werksangabe für die Paradedisziplin von 0 auf 100 km/h lautete auf zwölf Sekunden.

Durch den für 1969 erstarkten Volvo 122 S, gab es für den 123 GT praktisch keinen motor-technischen Vorteil mehr, für beide Modelle wurden nun einheitlich 100 PS bei 5500 Umdrehungen angegeben. Nur der Overdrive und einige sportliche Attribute wie Drehzahlmesser, Sportlenkrad und Zusatzscheinwerfer sowie eine straffere Federung unterschieden das GT- noch vom S-Modell.

Im Fotostudio wird der neue Amazon-Kombi attraktiv präsentiert, um auch in den Prospekten ein gutes Bild abzugeben.

Modell:	**Volvo P123 GT**
Bauzeit:	**1967–68(70)**
Motor:	**4 Zylinder in Reihe**
Bohrung/Hub (mm):	**84,14 x 80**
Hubraum (cm³):	**1761**
Leistung (PS/kW-min.-1):	**96(71)/5600**
Verdichtung:	**10,0:1**
Ventilsteuerung:	**OHV, hängende Ventile**
Gemischaufbereitung:	**2 SU-Vergaser Typ HS6**
Getriebe:	**4-Gang-Schaltgetriebe mit Overdrive**
Bereifung:	**165SR15**
Bremsanlage:	**Vorne Scheiben, hinten Trommeln**
Radstand (mm):	**2600**
Länge x Breite x Höhe (mm):	**4440 x 1630 x 1480**
Karosserien:	**2-türige Limousine**
Anzahl der Sitze:	**5**
Leergewicht (kg):	**ca. 1150 kg**
Höchstgeschwindigkeit:	**170 km/h**
Preis:	**DM 10.910 (1968)**
Weitere Getriebe:	**Keine**
Weitere Motoren:	**Von 1968–1970 B20-Motor mit 100 PS**

Bauzeit aller Amazon Zweitürer: 1961–1970.
Bauzeit aller Amazon Viertürer: 1956–1967.
Bauzeit aller Amazon Kombi: 1962–1969.

AA 55900

Die Ladefläche des Kombis P 220 ist nicht so groß wie beim Vorgänger Duett, dank zweigeteilter Heckklappe aber sehr praktisch.

Die Volvo 140er-Serie

Die dritte Generation von Volvo-Mittelklassemodellen startete im Herbst 1966 als 67er-Modelle. Die bei den Vorgängern teilweise zeitlich stark versetzte Einführung der einzelnen Karosserie- und Motorvarianten wiederholte sich bei der Serie 140 nicht mehr. Innerhalb eines Jahres standen die drei Modelle (Limousine mit zwei oder vier Türen sowie der Kombi mit vier Türen) und die zwei Motoren zur Auswahl. Die viertürige Ausführung kam im August 1966 als Erstes, die zweitürige folgte im Frühjahr 1967 und mit nur einem Jahr Verspätung stand der Kombi zur Verfügung.

Die Motoren waren natürlich die bewährten B18-Maschinen, die für 1969 dann wie bei Amazon und Coupé durch den aufgebohrten B20 ersetzt wurden.

In der Leistung gab es bei den beiden B18-Maschinen eine Ausführung mit 75 und die stärkere mit 90 DIN-PS. Nur der Kombi musste vorerst auf den letztgenannten Motor verzichten. Anders als die 90 PS-Varianten gab es den Kombi auch nicht mit Borg-Warner-Automatik.

Die zweitürigen Limousinen hießen 142 und 142S und die viertürigen Modelle nannte Volvo 144 und 144S. Der Kombi bekam die Nummern 145 und 145S zugeteilt. In der Volvo-Nomenklatur lässt sich so eine klare Fortschreibung erkennen. Waren die späten Buckel-Volvo intern als 1100er-Modelle codiert worden, wurde den Amazonen die 1200 und 1300 zugeordnet. Folgerichtig kam als Nachfolger dann die 1400er-Serie zum Tragen, also 142, 144 und 145. Das »S« stand für den jeweils stärkeren Motor im

Der P 144 überraschte 1966 bei seiner Präsentation mit einer völlig neuen Linienführung. Alle modischen Rundungen waren verschwunden und machten den neuen Volvo nahezu zeitlos.

Angebot. Die zweite Ziffer »4« wurde auch als Zeichen für einen Vierzylinder interpretiert, wie es ja schon beim allerersten Volvo war, und die letzte Zahl stand für die Anzahl der Türen. Der Kombi wurde also als Fünftürer angesehen. Das Fahrwerk hatte man zwar neu abgestimmt, doch technisch glich es demjenigen des Amazon-Modells. Wichtigste Neuerung waren aber die Vierrad-Scheibenbremsen mit integriertem Voll-Zweikreis-Bremssystem für alle Ausführungen, welches auch bei Ausfall eines Kreises noch alle vier Räder adäquat verzögern konnte. Dafür erhielt der Hersteller eine Goldmedaille vom schwedischen Automobilverband.

Außerdem gab es zwei Bremsdruckminderer, die verhinderten, dass die Hinterachse überbremst werden konnte. Als Reifengröße stand anfangs immer noch die Dimension 165S15 zur Verfügung.

Das Design der 140er-Volvos war betont sachlich gehalten und völlig schnörkellos, außen wie innen. Zum ersten Mal hatte ein Volvo die Scheinwerfer komplett in den Kühlergrill integriert. Schon von weitem sahen die Wagen aus wie eine Burg. Das integrierte Sicherheitskonzept mit der für damalige Verhältnisse perfekten Knautschzone stellte in zahlreichen Crashtests sein Können unter Beweis und ist eine konsequente Fortsetzung des Sicherheitsgedankens, der bei Volvo schon seit den 1950er-Jahren im Vordergrund steht. Der Wendekreis war gegenüber dem Amazon sogar kleiner geworden, was die Handlichkeit weiter verbesserte. Der Radstand war wiederum gleichgeblieben, so dass bei allen Volvo-Limousinen seit 1947 das gleiche Maß von 2600 Millimetern in den Datenblättern steht (für 1971 kamen lediglich 20 Millimeter dazu). Sogar der optisch riesige Kombi war da keine Ausnahme. Die Heckklappe war nun einteilig und öffnete nach oben.

Alle Modelle bekamen zudem eine geteilte Sicherheits-Lenksäule spendiert, die Karosserien wiesen eine erheb-

Schon bald wurde das Angebot um einen Zweitürer ergänzt. Dieser hier ist von 1967.

Die letzten Modelle hatten die großen Blinkleuchten und die dicken Stoßstangen, die optisch nicht unbedingt gefallen, aber die amerikanischen Sicherheitsvorschriften erfüllen.

lich höhere Torsionssteifigkeit gegenüber dem Amazon auf. Alle scharfkantigen Schalter und Ecken wurden eliminiert sowie die Abpolsterungen des Armaturenbretts und anderer Ausstattungsdetails weiter verbessert.
Die Karosserie war zwar eher zeitlos schlicht als modisch gestaltet worden, doch konnte man sich daran auch nicht innerhalb kurzer Zeit sattsehen, anders als bei vielen anderen zeitgenössischen Fahrzeugen. So blieb das Grundkonzept sehr lange aktuell.
Die solide Bauweise trug auch zu einem Fahrgefühl bei, das am besten mit »My car is my castle« beschrieben werden kann. Zurückhaltende Eleganz war angestrebt worden. Interessant ist die Vorwegnahme des dritten Seitenfensters bei den Viertürern – ein Detail, das nicht wenige Hersteller danach kopierten.

Modell:	**Volvo P142S (B20)**
Bauzeit:	**1968–70**
Motor:	**4 Zylinder in Reihe**
Bohrung/Hub (mm):	**88,9 x 80**
Hubraum (cm³):	**1954**
Leistung (PS/kW-min.-1):	**100(74)/5800**
Verdichtung:	**9,5:1**
Ventilsteuerung:	**OHV, hängende Ventile**
Gemischaufbereitung:	**2 SU-Vergaser Typ HS6**
Getriebe:	**4-Gang-Schaltgetriebe ww. m. Overdrive**
Bereifung:	**165SR15**
Bremsanlage:	**2-Kreis mit vier Scheibenbremsen**
Radstand (mm):	**2600**
Länge x Breite x Höhe (mm):	**4640 x 1730 x 1440**
Karosserien:	**2-türige Limousine**
Anzahl der Sitze:	**5**
Leergewicht (kg):	**1160 kg**
Höchstgeschwindigkeit:	**165 km/h**
Preis:	**DM 10.910 (1968)**
Weitere Getriebe:	**3-Gang-Automatik von Borg Warner**
Weitere Motoren:	**1966–67: B18 m.75 PS (142/144/145) 1966–67: B18 m.100 PS (142S/144S/145S) 1968–70: B20 m. 82 PS (142/144/145) 1970: B20 m. 105 PS (142S GT)**
Weitere Varianten:	**142, 142S GT, 144, 144S, 145, 145S**

Schon das Modelljahr 1969 brachte die Einführung der B20-Maschine mit sich, welche wiederum in zwei Leistungsstufen mit jetzt 82 und 100 DIN-PS angeboten wurde. Ein paar Quellen sprechen von 107 PS. Die B20 waren mit der normalen Viergang-Box, wahlweise mit einem Laycock-Overdrive oder eben mit der BW35-Wandler-Automatik kombinierbar.
Nur im Modelljahr 1970 gab es eine Sonderausführung der zweitürigen Limousine, den 142S als GT mit einer leichten Leistungserhöhung um fünf auf 105 DIN-PS, was der sportlichen Limousine, die seltsamerweise nur in der Schweiz lieferbar war, zu einer Höchstgeschwindigkeit von 170 km/h verhalf.
Für 1971 legte Volvo wiederum eine neue Motorvariante auf, und zwar die mit einer Bosch-Einspritzanlage versehene B20E-Maschine, die zeitgleich auch im Coupé P 1800 eingebaut wurde. Diese zeigte eine erhebliche Mehrleistung von 124 DIN-PS und war für 175 km/h gut. Im ersten Jahr war sie nur für den Zweitürer erhältlich, doch bereits für 1972 gab es sie auch im 144 und für 1973 sogar im Kombi. Ein Facelift stand ebenfalls für 1971 an und so kann man die Modelle nun am geänderten Kühlergrill mit abgerundeter Scheinwerferumrandung und schwarzen Blenden erkennen. Bemerkenswert ist, dass Volvo hier das erste Mal seit den 1930er-Jahren wieder die Querstrebe im Kühlergrill verwendete, die inzwischen zum Markenzeichen geworden ist. Außerdem wurden die Stoßfänger aufgrund der US-Sicherheits-Vorschriften dicker und damit wuchtiger. Der Kühler wurde um 25 Prozent vergrößert. Das Einstiegsmodell P142 kostete damals 11.950 DM. Der Kombi wurde von Anfang an auch als 145 Express mit erhöhtem Dach angeboten, wobei der Kunde wählen konnte, ob er eine Rücksitzbank wollte oder nicht. Später gab es sogar eine Version mit verblechten Seitenfenstern. Ab Frühjahr 1971 wurden alle Volvos mit einer Warnleuchte für einen nicht angelegten Sicherheitsgurt ausgerüstet.

Modell:	Volvo P144E (B20E)
Bauzeit:	1971–74
Motor:	4 Zylinder in Reihe
Bohrung/Hub (mm):	88,9 x 80
Hubraum (cm^3):	1954
Leistung (PS/kW-min.-1):	124(91)/6000
Verdichtung:	10,5:1
Ventilsteuerung:	OHV, hängende Ventile
Gemischaufbereitung:	Bosch Einspritzanlage
Getriebe:	4-Gang-Schaltgetriebe ww. m. Overdrive
Bereifung:	165SR15
Bremsanlage:	2-Kreis mit vier Scheibenbremsen
Radstand (mm):	2620
Länge x Breite x Höhe (mm):	4640 x 1730 x 1440
Karosserien:	4-türige Limousine
Anzahl der Sitze:	5
Leergewicht (kg):	1190 kg
Höchstgeschwindigkeit:	175 km/h
Preis:	DM 15.900 (1971, mit Overdrive)
Weitere Getriebe:	3-Gang-Automatik von Borg Warner
Weitere Motoren:	1970–74: B20 m. 82 PS (142/144/145) 1970–74: B20 m. 100 PS (142-144-145 S)
Weitere Varianten:	142, 142S, 144, 144S, 145, 145S
Ausstattungsstufen:	DL (Deluxe) und GL (Grand Luxe)

1972 brachte eine Reihe kleinerer Änderungen. Der Schalthebel, der bisher noch wie beim PV 544 und Amazon gestaltet war, wurde kürzer und griffgünstiger platziert. Es gab eine Warnleuchte für die angezogene Handbremse, wenn man losfahren wollte. Außerdem ertönte ein Warnton, wenn man vergessen hatte, die Scheinwerfer auszuschalten, sobald die Zündung aus war. Die Türgriffe waren nun versenkt angeordnet.

Für 1973 stellte Volvo nochmals ein Facelift vor. Der Kühlergrill war nun nicht mehr mit senkrechten Unterteilungen versehen, sondern stattdessen komplett schwarz gehalten, was das Erscheinungsbild ein wenig verwässerte. Dazu kamen größere Blinkleuchten vorne und breite Rücklichteinheiten hinten. Die Innenausstattung wurde mit neuen Farben und Stoffen dem Zeitgeschmack angepasst und ein neu gestaltetes Armaturenbrett mit einem Lenkrad mit großem Aufpralltopf verwöhnte die Kunden. Außerdem wurde der seit dem PV 444 übliche Bandtacho durch Rundinstrumente ersetzt. Weitere Sicherheitseinrichtungen flossen in die Serie ein und für 1974 gab es nochmals dickere Stoßfänger.

Bauzeit aller P142 Zweitürer: 1967 – 1974
Bauzeit aller P144 Viertürer: 1966 – 1974
Bauzeit aller P145 Kombi: 1967 – 1974

Das 1972er Modell hat versenkte Türgriffe und den neuen Kühlergrill, der seit 1970 wieder mit der diagonalen Strebe versehen ist.

Der Volvo 144 von 1973 hat schon die großen Blinkleuchten und den neuen Kühlergill, aber noch die schmale Stoßstange.

In den 1970er-Jahren wurde auch die Inneneinrichtung konsequent farbig gestaltet, wie hier beim 144 DL von 1974. Nur das Armaturenbrett blieb schwarz, um Reflexionen zu verhindern.

Der Kombi wurde wieder als Familienauto inszeniert, wozu er auch reichlich Laderaum bot.

Um auch den Handwerkern, die sich an den Duett gewöhnt hatten, ein adäquates Fahrzeug zu bieten, entwickelte man den Express mit erhöhtem Dach. Dessen Hecktür war aus Gewichtsgründen aus Kunststoff.

Die Volvo 160er-Serie

Schon bei der Entwicklung der Volvo-Baureihe 140 war eine Option auf einen Sechszylindermotor vorgesehen. Volvo löste dieses Versprechen bereits für das Modelljahr 1969 im Herbst 1968 ein und brachte als neues »Flaggschiff« das Modell 164 in die Ausstellungsräume.

In einer an der Front um zehn Zentimeter verlängerten Karosserie konnte der Sechszylinder-Reihenmotor untergebracht werden. Ab der A-Säule blieb alles gleich groß wie beim 144er, wurde allerdings durch eine feinere Ausstattung aufgewertet. Der Motor selbst entstand durch zwei angehängte Zylinder, so daß viele Gleichteile vom Vierzylinder verwendet werden konnten. Leider blieb das Armaturenbrett dem des 144er sehr ähnlich, was einige potentielle Käufer sicher irritierte.

Von außen erkannte man den »großen Volvo« bereits an seinem nahezu quadratischen, großen Kühlergrill, der entfernt an den P 1900 und von weitem auch an einen Mercedes-Grill erinnerte. Damit wollte Volvo das neue Top-Modell auch optisch von den profaneren Vierzylindern abheben und ihm einen luxuriöseren Auftritt verschaffen.

Der erste Volvo P 164 verlässt 1968 das Fließband in Göteborg. Im Laufe seiner Bauzeit werden sich einige Details ändern.

Modell:	**Volvo P164**
Bauzeit:	**1968–70**
Motor:	**6 Zylinder in Reihe**
Bohrung/Hub (mm):	**88,9 x 80**
Hubraum (cm³):	**2931**
Leistung (PS/kW-min.-1):	**130(96)/5500**
Verdichtung:	**9,2:1**
Ventilsteuerung:	**OHV, hängende Ventile**
Gemischaufbereitung:	**2 Zenith-Stromberg-Vergaser**
Getriebe:	**4-Gang-Schaltgetriebe ww. m. Overdrive**
Bereifung:	**165SR15**
Bremsanlage:	**2-Kreis mit vier Scheibenbremsen**
Radstand (mm):	**2700**
Länge x Breite x Höhe (mm):	**4715 x 1735 x 1440**
Karosserien:	**4-türige Limousine**
Anzahl der Sitze:	**5**
Leergewicht (kg):	**1320 kg**
Höchstgeschwindigkeit:	**180 km/h (mit Automatik 175 km/h)**
Preis:	**DM 16.350 (1970)**
Weitere Getriebe:	**3-Gang-Automatik von Borg Warner**
Weitere Motoren:	**Keine**
Weitere Varianten:	**Keine**
Ausstattungsstufen:	**DL (Deluxe) und GL (Grand Luxe)**

Der Benzintank war mit 58 Litern für solch einen Reisewagen etwas klein geraten. Bei einem Verbrauch von ca. 15 Litern auf 100 Kilometer musste schon recht bald ein Tankstopp eingeplant werden. Die beim Modell 142/144 beschriebenen Änderungen kamen natürlich auch in den jeweiligen Modelljahren dem 164er zugute und die immer schwereren Stoßfänger zogen auch bei ihm in die Serie ein. Für 1970 wurde die seitherige, aufpreispflichtige Lederausstattung in die Serie übernommen, wobei Stoffbezüge ohne Minderpreis auf Wunsch noch erhältlich blieben. Die optionale Servolenkung wurde für 1971 als Serienausrüstung eingeführt und der Radstand um zwei Zentimeter verlängert. Ein Jahr später gab es optional eine Einspritzanlage für den Motor, der die Leistung damit auf 160 DIN-PS hochschraubte und eine Höchstgeschwindigkeit von 190 km/h erlaubte.

Beide Motorisierungen bestanden nebeneinander bis 1974, doch im letzten Modelljahr 1975 (der 164 wurde ein Jahr länger gebaut als die 142/144/145) wurde nur noch die Einspritzer-Version angeboten.
Selbstredend wuchsen auch beim 164er die Stoßfänger aufgrund der US-Vorschriften. Als Zweitürer oder als Kombi hat es den 164 allerdings nie gegeben, obwohl eine gewisse Nachfrage dazu führte, dass einige Kombis mit Werksunterstützung in Eigenregie entstanden. Gegen Ende der Produktionszeit führte Volvo noch den 164 TE ein, der mit Klimaanlage, Leselampen im Fond und anderen Luxus-Details auch als Chauffeurslimousine tauglich war.

Modell:	**Volvo P164E**
Bauzeit:	**1972–75**
Motor:	**6 Zylinder in Reihe**
Bohrung/Hub (mm):	**88,9 x 80**
Hubraum (cm³):	**2931**
Leistung (PS/kW-min.-1):	**160(118)/5500**
Verdichtung:	**10,0:1**
Ventilsteuerung:	**OHV, hängende Ventile**
Gemischaufbereitung:	**Bosch Benzineinspritzung**
Getriebe:	**4-Gang-Schaltgetriebe ww. m. Overdrive**
Bereifung:	**175HR15**
Bremsanlage:	**2-Kreis mit vier Scheibenbremsen**
Radstand (mm):	**2720**
Länge x Breite x Höhe (mm):	**4715 x 1735 x 1440**
Karosserien:	**4-türige Limousine**
Anzahl der Sitze:	**5**
Leergewicht (kg):	**1380 kg**
Höchstgeschwindigkeit:	**190 km/h (mit Automatik 185 km/h)**
Preis:	**DM 22.850 (1974)**
Weitere Getriebe:	**3-Gang-Automatik von Borg Warner**
Weitere Motoren:	**Keine**
Weitere Varianten:	**164 TE**
Ausstattungsstufen:	**DL (Deluxe) und GL (Grand Luxe)**

Bauzeit aller P164 Viertürer: 1968 – 1975

Baujahr 1972: Die unteren Scheinwerfer sind jetzt Serienausstattung und die Türgriffe wurden wie bei der 140er Serie versenkt.

Ein P 164 von 1973. Der Kühlergrill ist etwas kleiner geworden, was zu einer geraden Stoßstange führt.

Der aufgeräumte Motorraum zeigt den Sechszylinder-Einspritzer, der aus der einfachen Erweiterung des Vierzylinders um zwei weitere Zylinder entstand.

Die Volvo 66 Modelle (DAF)

Schon im Jahre 1972 übernahm Volvo ein Aktienpaket von 33 Prozent an der Automobilsparte der »Van Doorne's Automobielfabriken«, kurz DAF genannt. Man wollte unterhalb des eigenen Fertigungsprogramms ein Fahrzeug anbieten, welches den Volvo-Standards entsprach. Leider musste da noch Einiges an Entwicklungsaufwand hineingesteckt werden, da der DAF 66 diesen Anforderungen zunächst keineswegs entsprach.

Die Innenausstattung wurde mit viel Feinarbeit auf ein Volvo entsprechendes Ambiente getrimmt. Viel Holzdekor, integrierte Kopfstützen sowie Liegesitze und für die GL-Modelle modische Dekorstreifen, die über die ganze Fahrzeugseite reichten, sollten das Erscheinungsbild deutlich aufbessern. Die Autos wurden in Volvo 66 umbenannt. Es gab sie in zwei Ausstattungsvarianten, DL und GL, wie die großen Volvos. Die verwendeten Motoren stammten von Renault und waren zuverlässige Großserienaggregate. Zwei Hubraumgrößen standen zur Auswahl, ein 47 PS leistender 1,1-Liter sowie ein 57 PS starker 1,3-Liter. Letzterer war der besser ausgestatteten GL-Variante vorbehalten. Mit dem 1,1-Liter konnten immerhin 130 km/h erreicht werden.

Die Besonderheit war jedoch das DAF-Variomatic-Getriebe, an das sich viele Volvo-Kunden erst gewöhnen mussten. Es war ein stufenloses Doppel-Riemen-Getriebe, welches DAF seit 1958 in ständig verbesserter Form produzierte. Leider haftete ihm ein eher altjüngferliches Image an. Trotzdem verkaufte sich der Volvo 66 als Limousine noch ganz ordentlich, lediglich die Verkaufszahlen des Kombi ließen nach ermutigenden Anfangsverkäufen stark nach. So wurde dieser 1978 eingestellt, während die Limousinen noch bis 1980, parallel zum Volvo 343 gebaut wurden. Insgesamt verließen von 1975 bis 1980 über 106.000 Fahrzeuge das Werk.

Das Fahrwerk bestand vorn aus unteren Querlenkern, senkrechten Führungsrohren mit integrierten Stoßdämpfern, Torsionsstabfedern und einem Stabilisator. Hinten wurde auf eine De-Dion-Achse gesetzt, welche geringe ungefederte Massen und eine Spurkonstanz unter allen

Modell:	**Volvo 66 GL**
Bauzeit:	**1975–1980**
Motor:	**4 Zylinder in Reihe (von Renault)**
Bohrung/Hub (mm):	**73 x 77**
Hubraum (cm³):	**1280**
Leistung (PS/kW-min.-1):	**57(42)-5200**
Verdichtung:	**8,5:1**
Ventilsteuerung:	**OHV, seitliche Nockenwelle**
Gemischaufbereitung:	**1 Solex-Vergaser**
Getriebe:	**DAF-Variomatic (stufenlose Automatik)**
Bereifung:	**155SR13**
Bremsanlage:	**Vorne Scheiben, hinten Trommeln**
Radstand (mm):	**2250**
Länge x Breite x Höhe (mm):	**3900 x 1540 x 1380**
Karosserien:	**2-türige Limousine**
Anzahl der Sitze:	**5**
Leergewicht (kg):	**815 (Kombi 840)**
Höchstgeschwindigkeit:	**145 km/h**
Preis (1976):	**DM 9.950 (DL) bzw. DM 10.995 (GL) Kombi + DM 745 (DL) bzw. DM 700 (GL)**
Weitere Getriebe:	**Keine**
Weitere Varianten:	**DL-Ausstattung 3-türiger Kombi (1975–1978) 1,1-Liter Motor für DL mit 47 PS**
Weitere Varianten:	**Keine**
Ausstattungsstufen:	**DL (Deluxe) und GL (Grand Luxe)**

Fahrbedingungen ermöglichte. Zwei einzelne Längsblattfedern mit Reaktionsstützen reichten aus. Die schwächere Ausführung rollte auf Reifen der Dimension 135SR14, optional waren die 155SR13 der GL-Ausführung. Als Kraftstoff wurde Superbenzin verlangt. Natürlich bekamen auch die kleinen Volvos die wulstigen Stoßfänger verpasst, die nicht so ganz zu dem Fahrzeug passen mochten.

Bauzeit aller 66 Limousinen:	1975 – 1980
Bauzeit aller 66 Kombi:	1975 – 1978

Auch beim kleinen Volvo 66 gab es eine große Hecktür, die ihn familientauglich machte.

Selbst bei der Stufenheck-Ausführung bot der Kofferraum genügend Platz, um das Gepäck für eine große Reise unterzubringen.

In Schweden gehört eine gelbe Lackierung mit schwarzen Streifen zu einem Taxi, hier macht sie aus einer 57 PS-Limousine einen sportlichen Zweitürer.

Zwei mal Cityhopper, hinten eine Fokker 28. Für den dichten Stadtverkehr war der kleine Volvo mit seiner Variomatik ideal.

Für die Fotos wurde das gleiche Umfeld wie auch bei den großen Volvos benutzt. Volvo ist eben Volvo.

Die Volvo 240er-Serie

Als direkten Nachfolger der Baureihe 140 stellte Volvo im Herbst 1974 die stark überarbeitete, doch in ihrer Erscheinung ähnliche Baureihe 240 vor (Serie B). Bei der Modellbezeichnung folgte man jetzt nicht mehr der bisherigen Orientierung an den internen Typnummern, sondern machte in der logischen Fortschreibung aus der 140er eine 240er Serie.

So wurde auch das neue Modell als 242 (Zweitürer) und 244 (Viertürer) sowie als Kombi 245 (Fünftürer) angeboten. Die Anzahl der Ausstattungsstufen wurde nun auf drei erhöht. Es gab die Grundversion L, die mittlere Stufe DL und die Luxusversion GL.

Und erstmals waren alle drei Karosserie-Varianten zu Beginn der Modell-Laufzeit erhältlich. Die Karosserie folgte in ihrer Linie nach wie vor dem ersten 140er von 1966, doch Front- und Heckpartie waren völlig verändert worden. Die noch massiveren Stoßfänger stachen hierbei besonders hervor. Der geglättete Kühlergrill fügte sich zu einem stimmigen Bild hinzu. Unter dem Blech hatte sich Einiges getan: Die Vorderradführung übernahmen nun McPherson-Federbeine im Verbund mit Trapez-Dreieck-Querlenkern. Die hintere Starrachse bekam Doppel-Längsschwingen mit Panhardstab samt Stabi verpasst. Schraubenfedern und Teleskop-Stoßdämpfer rundeten das Bild ab.

Als 1975 der Volvo 240 erschien, fiel er optisch nicht nur durch seine enormen Stoßstangen auf, er folgte auch dem damaligen Farbgeschmack mit einem kräftigen Orange. Hier der Kombi 245.

Antriebsseitig kam der bisherige B20-Motor mit 82 PS zum Einsatz; er war die einzig lieferbare Motorisierung der L-Version. Die DL-Modelle konnten zwar ebenfalls mit dem B20 geliefert werden, doch ihnen stand auch die neue B21-Maschine mit 97 DIN-PS zur Verfügung, die nochmals aufgebohrt worden war. Der ebenfalls neue und 2,1 Liter messende B21E-Einspritzmotor mit elektronischer Zündanlage war den GL-Modellen vorbehalten. Er leistete 123 DIN-PS und sorgte für eine Höchstgeschwindigkeit von bis zu 175 km/h. Für den Kombi war er vorerst nicht lieferbar. Die Zweiliter-Motoren standen senkrecht im Motorraum, während die 2,1-Liter-Maschinen um 20 Grad nach rechts geneigt eingebaut wurden. Der Nockenwellenantrieb der neuen OHC-Maschinen erfolgte jetzt mittels Zahnriemen.

Erwähnenswert ist der Übergang von 15-Zoll- auf 14-Zoll-Räder mit neuem Design. Die verstärkten Kopfstützen wiesen drei Durchbrüche auf, um die Sicht nach seitlich hinten zu verbessern.

Für 1976 (Serie E) wurde beim B21-Motor die Leistung auf runde 100 PS angehoben. Außerdem wurden Bremsleitungen aus einer Kupfer-Legierung sowie eine aluminisierte Abgasanlage montiert. Der alte OHV-Zweiliter B20 wurde im Kombi nicht mehr angeboten und musste für manche Märkte bereits eine Abgasrückführung bekommen.

Das Modelljahr 1977 brachte erstmals einen verkleinerten OHC-Vergaser-Motor (B19) für einige Märkte, der mit 90 PS jedoch eine höhere Leistung aufwies als der bisherige B20-OHV, der bald ausrangiert wurde. Die GL-Versionen bekam nun Reifen mit einem 70er-Querschnitt. Das darauf folgende Modelljahr 1978 brachte mit dem Transfer ein weiteres Kombi-Modell (245T), welches auf einem auf 3350 Millimeter verlängerten Radstand basierte und eine enorme Länge von 5,61 Metern aufwies. Dieser Kombi war als eine Art Großraumtaxi gedacht und nur mit drei Sitzreihen und voller Verglasung lieferbar. Die Express-Version mit erhöhtem Dach, abgetrenntem Laderaum und verblechten Seiten blieb dem Kombi mit normalem Radstand vorbehalten.

1977 war auch das Jahr von Volvos 50. Firmenjubiläum. Aus diesem Anlass erschien ein 244DL Jubiläumswagen in

Ein Kombi kann bei Volvo nie groß genug sein. Deshalb gab es den 245 auch in der Variante Transfer, gedacht als Taxi, für Hotels und ähnliche Nutzer.

silbern mit goldenen Seitenstreifen und rundum getönten Scheiben. Er hatte die übliche DL-Ausstattung mit dem B21 und 100 PS, zur zusätzlichen Unterscheidung der »normalen« Serie aber rundum vier und am Lenkrad eine weitere Jubiläumsplakette.

Zur Brüsseler Autoausstellung 1978 kam ein sportlicher Zweitürer als 242 GT heraus, der serienmäßig mit dem Einspritzmotor B21E bestückt wurde und es auf 123 PS brachte. Für Österreich und die Schweiz wurde er mit dem B23E angeboten. Von außen war der GT an einer geänderten Front erkennbar. Dazu gehörten im Kühlergrill integrierte Zusatzscheinwerfer, silbern umrahmte Hauptscheinwerfer und ein abgeänderter Stoßfänger mit einem Spoiler darunter. Speziell für den deutschen Markt gab es bereits ab Herbst 1977 einen 244DLI mit dem B21E Motor, sonst aber der üblichen DL-Ausstattung.

Die 78er-Modelle bekamen ein leichtes Facelift mit einem Chromrand um den Kühlergrill. Bei der Technik wurden das Fahrwerk und die Rahmenstruktur der Karosserie wesentlich verbessert, was zu einem bedeutend angenehmeren Fahrgefühl führte.

Für 1979 gab es neue Ausstattungsstufen, große rechteckige Scheinwerfer, eine neue Heckgestaltung mit grö-

Modell:	**Volvo 244 GL**
Bauzeit:	**1975–80**
Motor:	**4 Zylinder in Reihe (B21E)**
Bohrung/Hub (mm):	**92 x 80**
Hubraum (cm³):	**2112**
Leistung (PS/kW-min.-1):	**123(90)/5500**
Verdichtung:	**9,3:1**
Ventilsteuerung:	**OHC, hängende Ventile**
Gemischaufbereitung:	**Benzineinspritzung**
Getriebe:	**4-Gang-Schaltgetriebe ww. m. Overdrive**
Bereifung:	**185SR14**
Bremsanlage:	**Vier Scheibenbremsen**
Radstand (mm):	**2640**
Länge x Breite x Höhe (mm):	**4900 x 1710 x 1435**
Karosserien:	**4-türige Limousine**
Anzahl der Sitze:	**5**
Leergewicht (kg):	**ab 1280 kg**
Höchstgeschwindigkeit:	**175 km/h**
Preis:	**DM 19.900 (1975), DM 23.450 (1977)**
Weitere Getriebe:	**3-Gang-Automatik von Borg Warner**
Weitere Motoren:	**1974–76: B20 m. 82 PS (L/DL-Versionen) 1974–75: B21 m. 97 PS (DL-Versionen) 1975–76: B21 m.100 PS (DL-Versionen)**
Weitere Varianten:	**242(L, DL, GL) 244(L, DL) 245 (L, DL)**
Ausstattungsstufen:	**DL (Deluxe) und GL (Grand Luxe)**

Die sportliche Version 242GT zeigte die zeitgemäßen Rallyestreifen. Richtig schnell wurde sie durch den B23E-Motor mit 140 PS.

ßeren Rückleuchten und stärkere Vergasermotoren. Die B19-Maschine gab jetzt 97 PS ab und der B21-Motor leistete nun 107 PS. Beim Einspritzer hatte sich nichts verändert, doch konnte diese Antriebseinheit nun auch mit dem Zweitürer bestellt werden.

Das Fahrwerk wurde weiter verbessert und von Volvo nun »Forgiving Chassis« genannt. Es sollte also quasi alle Fahrfehler verzeihen.

Und zum ersten Mal setzte Volvo nun auch auf den Selbstzünder. Ein Sechszylinder-Diesel-Reihenmotor von VW mit Wirbelkammer-Technik (aus dem VW LT-Transporter) und 82 PS sollte den Verbrauch merklich senken. Die Modelle hießen damit 244GL-D6 und 245GL-D6. Dieser Dieselmotor sollte bis 1992 im Programm bleiben.

Das Modelljahr 1980 brachte als Ablösung des 242 GT den 244 GLT, der mit dem B23E-Motor des GT bestückt wurde. Genauso wie ein Jahr später das Schwestermodell 244 Turbo erhielt er einen sportlich wirkenden Frontspoiler, der bei allen GL-Modellen Einzug in die Serie fand. In diesem Jahr wurden auch wieder diverse Aufwertungen und Verbesserungen an der Innenraumgestaltung umgesetzt und die Farbpalette erweitert.

In Sachen Turbo spielte Saab den Vorreiter mit seinem im Mai 1978 lancierten 900 Turbo, so dass Volvo etwas in Zugzwang geriet. Deshalb erschien für das Modelljahr 1981 das erste Turbomodell in Form des 244 Turbo, im Jahr darauf bekam auch der Kombi wahlweise einen Turbo eingebaut. Mit seinem chromlosen Kühlergrill sah er schon von weitem sportlich-schneller aus als die normalen 240er. Mit Transistor-Zündanlage, einem mäßigen Ladedruck von 0,67 bar und der Bosch K-Jetronic-Einspritzung entwickelte die Maschine 155 PS bei 5500 Umdrehungen, was im Zusammenspiel mit dem Viergang-Schaltgetriebe mit Overdrive-Funktion 190 km/h, beim Kombi sogar 200 km/h ermöglichte. Mit Reifen der Dimension 195/60HR15 auf neuen Leichtmetallfelgen kam der Turbo-Volvo nicht so schmalbeinig daher wie seine schwächeren Schwestern. Den Turbo gab es bis 1989, in einigen Märkten sogar noch bis 1992 zu kaufen.

Die folgenden Jahre seit 1981 waren wohl die erfolgreichsten mit den besten jährlichen Verkaufszahlen. Es gab zahlreiche optische Detailänderungen, die der 240er Serie ein unverwechselbares, zeitloses Aussehen verliehen. Ebenso erweiterten viele neue Motorvarianten die Angebotspalette. So erschien für 1982 ein größerer Vergasermotor mit 2,3 Litern und 112 (später 110) PS Leistung, der bis 1986 sukzessive von einer nur unwesentlich stärkeren Einspritzmaschine abgelöst wurde (116 PS), die dann bis 1991 Dienst tat. Seltsamerweise hat Volvo diesem Aggregat von 1989 bis 1991 für einige Märkte nochmals eine Vergaserversion zur Seite gestellt mit praktisch identischer Leistung.

Die Vergasermaschinen mit 97 und 107 PS entfielen dann 1983 bzw. 1984. Dafür kam für 1984 ein neuer Motortyp B19K auf den Markt mit 101 PS, welcher für den italienischen Markt sogar mit einer Einspritzanlage und 117 PS aufwartete. Bis 1991 gab es diesen Antrieb, der für die beiden letzten Modelljahre von einem nochmals moderneren Motor B200E mit Einspritzung und 111 PS ersetzt wurde.

Die Einspritzmotoren mit 2,1 Liter (B21E) leisteten weiterhin 123 PS und wurden dann im Sommer 1983 ersatzlos gestrichen. Fortan kamen nur noch 2,3-Liter-Maschinen, die je nach Modelljahr und wahlweiser Kombination mit einer Katalysator-Anlage zwischen 116 und 140 PS leisteten. Als letzter blieb der 136 PS starke Kat-Motor bis 1993 im Programm.

Den Diesel lieferte Volvo ab Modelljahr 1990 serienmäßig mit einem Fünfgang-Schaltgetriebe aus.

An der Optik wurden für die 1980er Modelle die komplette Front- und Heckpartie mit neuen Stoßfängern überarbeitet. Die Kombis bekamen jetzt auch um die Ecke gezogene Rückleuchten, und alle Modelle hatten schwarz eingefasste Seitenfenster. Im Innenraum gab es ein komplett neu gestaltetes Armaturenbrett mit drei großen Rundinstrumenten. Ab 1983 erhielten die 240er die erhöhte Motorhaube mit dem etwas größeren Kühlergrill, der bisher den 260ern vorbehalten war. Im Vorjahr war die Produktion der 260er Limousinen ausgelaufen, weshalb jetzt diese optische Unterschei-

Modell:	Volvo 244GL D6
Bauzeit:	1978-93
Motor:	6 Zylinder in Reihe (D24)
Bohrung/Hub (mm):	76,5 x 86,4
Hubraum (cm³):	2383
Leistung (PS/kW-min.-1):	82(61)/4800
Verdichtung:	23,5:1
Ventilsteuerung:	OHC, hängende Ventile
Gemischaufbereitung:	Dieseleinspritzung
Getriebe:	4-Gang-Schaltgetriebe (ww. mit OD)
Bereifung:	185SR14
Bremsanlage:	Vier Scheibenbremsen
Radstand (mm):	2640
Länge x Breite x Höhe (mm):	4890 x 1710 x 1435
Karosserien:	4-türige Limousine
Anzahl der Sitze:	5
Leergewicht (kg):	ab 1345 kg
Höchstgeschwindigkeit:	150 km/h
Preis:	DM 23.950 (1980)
Weitere Getriebe:	3-Gang-Automatik von Borg Warner 5-Gang-Schalter (ab Modelljahr 1990)
Weitere Motoren:	keine
Weitere Varianten:	245GL D6 Kombi

Modell:	Volvo 240 Turbo
Bauzeit:	1981–85
Motor:	4 Zylinder in Reihe (B21ET)
Bohrung/Hub (mm):	92 x 80
Hubraum (cm³):	2127
Leistung (PS/kW-min.-1):	155(114)/5500
Verdichtung:	7,5:1
Ventilsteuerung:	OHC, hängende Ventile
Gemischaufbereitung:	Benzineinspritzung
Getriebe:	4-Gang-Schaltgetriebe mit Overdrive
Bereifung:	195/60HR15
Bremsanlage:	Vier Scheibenbremsen
Radstand (mm):	2640
Länge x Breite x Höhe (mm):	4900 x 1710 x 1435
Karosserien:	4-türige Limousine
Anzahl der Sitze:	5
Leergewicht (kg):	ab 1420 kg
Höchstgeschwindigkeit:	190 km/h
Preis:	244 Turbo DM 28.500 (1981) 245 Turbo DM 36.790 (1985)
Weitere Getriebe:	Keine
Weitere Motoren:	Keine
Weitere Varianten:	Kombi

Der 244 der letzten Serie ist schnell am flachen Kühlergrill, den schwarzen Einstiegsleisten und der schwarzen Fensterumrandung zu erkennen.

dung nicht mehr notwendig war. In diesem Jahr wurden auch die Modellbezeichnungen angepasst, alle drei Karosserievarianten hießen nun einheitlich »240«, die Anzahl der Türen floss nicht mehr ein, was unter Fans einfach ignoriert wird. 1984 wurde bei den Kombis der Türgriff der Hecktür vergrößert. Er war jetzt mattschwarz anstatt wie bisher verchromt. 1986 wurde die Motorhaube wieder etwas flacher und der Kühlergrill leicht nach hinten geneigt. Die Fahrzeuge bekamen jetzt auch Schwellerleisten aus Kunststoff, die auch die Unterkanten der Türen abdeckten. 1990 erhielten die Kombis an der Hecktür eine vergrößerte, eingeklebte Scheibe, wodurch die immer wieder aufgetretenen Rostprobleme an der Türunterkante endgültig der Vergangenheit angehörten. Außerdem stand jetzt optional eine Dachreling als Sonderausstattung zur Verfügung.

Bauzeit aller 242 Zweitürer:	1974 – 1984
Bauzeit aller 244 Viertürer:	1974 – 1993
Bauzeit aller 245 Kombi:	1974 – 1993

Spätestens mit dem 245 machte Volvo den Kombi gesellschaftsfähig, erst recht mit dem extrem schnellen Turbo.

Seit 1980 wurden die Heckleuchten um die Seite herumgezogen, später wurden an der Hecktür Scheibe und Griff vergrößert und eine dritte Bremsleuchte montiert. Als Sonderausstattung kam der Dachgepäckträger hinzu.

Die Volvo 260er-Serie

Im selben Jahr wie die vierzylindrigen 240er-Modelle stellte Volvo auch die Sechszylinder-Limousine 264 vor. Mit einer kleinen Verspätung folgten 1975 die zweitürige Limousine 262 und der Kombi 265, was an der noch nicht fertig entwickelten neuen Antriebseinheit lag. Zusammen mit Peugeot und Renault entstand im Motorenwerk Douvrin (F) der neue PRV-Europa-Motor als kompaktes V6-Aggregat, das den hauseigenen Reihenmotor ablöste. Das Vorgängermodell 164E war jedoch noch ein Jahr in den USA vertreten. Der wichtige Exportmarkt kam erst ab Modelljahr 1976 in den Genuss des 264er.

Optisch unterschieden sich die neuen Sechszylinder kaum von den Vierzylindern. Lediglich eine andere Kühlergrillgestaltung und mehr Chrom machten den 264 auf den ersten Blick vom 244 unterscheidbar.

Zunächst gab es nur die viertürige Limousine als DL und GL. Die ein Jahr später nur für kurze Zeit angebotene zweitürige Limousine (262GL) mit Vergasermotor war hauptsächlich für den US-Markt gedacht. Und zum ersten Mal gab es einen Sechszylinder-Kombi bei Volvo serienmäßig, den 265 DL. Der 264 DL kostete 1975 in Deutschland 20.850 DM, ein Jahr später bereits 23.950 Mark.

Auch eine verlängerte Version mit der Typbezeichnung 264 TE war erhältlich. Diese bot mit einem Radstand von 3,34 Metern bei einer Länge von 5,60 Meter sieben Passagieren luxuriöse Fortbewegung. Solche Modelle wurden auch an die Regierung der DDR verkauft und mit Chauffeur für staatstragende Personen eingesetzt.

Der neue Motor (Typ B27E) war komplett aus Aluminiumguss und mit nassen Laufbüchsen versehen. Der Zylinderwinkel betrug 90 Grad, für einen V6 eher ungewöhnlich. Die Brennräume waren hemisphärisch gestaltet und die zwei obenliegenden Nockenwellen kettengetrieben. Der wesentlich kürzere Motor erlaubte Karosseriemodifikationen und wog nur 150 Kilogramm.

Eine ebenfalls lieferbare Vergaserausführung leistete 125 PS, während der Einspritzer auf 140 PS kam. Die 260er hatten alle einen speziellen, abgesetzten Kühlergrill, der dem US-Geschmack Rechnung trug.

Mit dem italienischen Karosseriebetrieb Bertone schuf Volvo noch ein ungewöhnliches Coupé (Typ 262C) auf Basis des 264 mit demselben Radstand. Dieses Coupe löste die zweitürige Limousine in den USA ab, wurde aber auch in Europa verkauft. Vorgestellt anlässlich des Genfer Automobilsalons im März 1977 war es ganz auf Luxus getrimmt, was auch das wesentlich höhere Leergewicht von etwa 1450 kg erklärt. Als vollwertiger Fünfsitzer galt das Coupé als feiner Reisewagen. Leider war das Modell sehr teuer – in Deutschland kostete es 1978 satte 40.168 Mark, wogegen der 264 GLE mit gleicher Maschine für 31.481 DM zu haben war. Das Coupé war bei ansonsten gleichen Außenmaßen nur 1,36 Meter hoch und hatte als einziger Volvo serienmäßig ein Vinyldach.

Für 1978 gab es neu den erwähnten 264 GLE mit serienmäßiger Automatik, Klimaanlage und Alurädern. Bis 1980 waren nur minimale Änderungen zu verzeichnen, doch das Modelljahr 1981 brachte einen auf 2,9 Liter aufgebohrten V6, der wie der Vorgänger mit Einspritzanlage oder Vergaser verkauft wurde. Einen Diesel suchte man in der Serie 260 dagegen immer vergebens. Der Markt war noch nicht reif für Luxusautos mit Selbstzündungsmotor.

Optisch machte der 260er während seiner Bauzeit alle Änderungen mit, die auch bei der 240er Serie umgesetzt wurden. So erhielten alle Modellvarianten noch 1981 kurz vor Produktionsende der Sechszylinder-Reihe die neue Front mit dem kleineren Stoßfänger und einem Spoiler darunter. Das Coupe wurde jetzt ohne Vinyldach ausgeliefert, was ihm nicht nur optisch, sondern auch in Sachen Rostbeständigkeit, besonders an der C-Säule, zu Gute kam.

Ab 1980 sprach man bereits einheitlich von der Serie 260, obwohl die Typenschilder am Fahrzeug bis zum Ende noch die alte Bezeichnung trugen.

Bauzeit aller 262 Zweitürer:	1975 – 1977
Bauzeit aller 264 Viertürer:	1974 – 1982
Bauzeit aller 265 Kombi:	1975 – 1985
Bauzeit aller 262C Coupe:	1977 – 1981

Modell:	**Volvo 264 GL**
Bauzeit:	**1974–80**
Motor:	**V6 Zylinder (B27E)**
Bohrung/Hub (mm):	**88 x 73**
Hubraum (cm³):	**2664**
Leistung (PS/kW-min.-1):	**140(103)/6000**
Verdichtung:	**8,7:1**
Ventilsteuerung:	**OHC, hängende Ventile**
Gemischaufbereitung:	**Benzineinspritzung**
Getriebe:	**4-Gang-Schaltgetriebe ww. m. Overdrive**
Bereifung:	**185/70HR14**
Bremsanlage:	**Vier Scheibenbremsen**
Radstand (mm):	**2640**
Länge x Breite x Höhe (mm):	**4900 x 1710 x 1435**
Karosserien:	**4-türige Limousine**
Anzahl der Sitze:	**5**
Leergewicht (kg):	**ab 1350 kg**
Höchstgeschwindigkeit:	**185 km/h**
Preis:	**DM 19.900 (1975), DM 23.450 (1977)**
Weitere Getriebe:	**3-Gang-Automatik von Borg Warner 5-Gang-Schaltgetriebe**
Weitere Motoren:	**1975–80: B27A mit Vergaser 125 PS**
Weitere Varianten:	**262 (2 Türen), 264DL, 265DL, 264TE 262C (Coupé)**

Modell:	**Volvo 264 GLE**
Bauzeit:	**1981–82 (Kombi bis 1985)**
Motor:	**V6 Zylinder**
Bohrung/Hub (mm):	**91 x 73**
Hubraum (cm³):	**2849**
Leistung (PS/kW-min.-1):	**155(114)/5500**
Verdichtung:	**9,5:1**
Ventilsteuerung:	**OHC, hängende Ventile**
Gemischaufbereitung:	**Benzineinspritzung**
Getriebe:	**4-Gang-Schaltgetriebe ww. m. Overdrive**
Bereifung:	**185/70HR14**
Bremsanlage:	**Vier Scheibenbremsen**
Radstand (mm):	**2640**
Länge x Breite x Höhe (mm):	**4900 x 1710 x 1435**
Karosserien:	**4-türige Limousine**
Anzahl der Sitze:	**5**
Leergewicht (kg):	**ab 1350 kg**
Höchstgeschwindigkeit:	**185 km/h**
Preis:	**264GL DM 32.200 (1982) 264GLE DM 36.900 (1982) 265GL DM 35.800 (1982)**
Weitere Getriebe:	**3-Gang-Automatik von Borg Warner**
Weitere Motoren:	**Für bestimmte Märkte andere Leistungen**
Weitere Varianten:	**264GL, 264TE, 265 (Kombi)**

Die ersten Sechszylinder-Modelle hatten anders als die Vierzylinder einen großen eckigen Kühlergrill. Es gab sie auch als zweitürige Limousine, so wie dieses US-Modell.

Der 264 TE war eine Langversion, die ganz regulär im Angebot war, durch eine große Bestellung aus der damaligen DDR aber schnell als Staatslimousine galt.

Anders als bei den 160ern gab es den 260 auch als Kombi. Er unterscheidet sich nur durch äußerliche Details wie den Kühlergrill vom 240er.

Der typische 264 war eine viertürige Limousine mit einem Sechszylinder-Motor und luxuriöser Ausstattung.

Dieser 264 von 1980 rollt auf den neuen 14 Zoll-Leichtmetallfelgen mit der Bezeichnung Corona. Sie waren jetzt beim GLE serienmäßig.

Das neue Coupé 262 C war anders als alles bisher von Volvo gewohnte. Es baute wie auch bei anderen Herstellern auf der Limousine auf und hatte keine eigene Karosserie mehr, wie es noch beim P 1800 der Fall gewesen war.

Die Modellpflege bei Limousine und Kombi wurde auch beim Coupé umgesetzt.
Mit den neuen schlankeren Stoßstangen und ohne Vinyldach sieht der 262 C bedeutend eleganter aus.

Die Volvo 300er-Serie

Im Februar 1976 erblickte ein gänzlich neues Volvo-Modell das Licht der automobilen Welt, der Typ 343 war geboren. Als Erbstück von DAF übernommen und zwischen den DAF-Volvo 66 und dem 242 angesiedelt, war das neue Modell exakt so lang wie ein damaliger VW Passat, nämlich knapp 4,20 Meter. Damit gehörte der 343 schon zur zeitgenössischen Mittelklasse. Von 1976 bis 1979 war er nur dreitürig lieferbar und nur mit dem Renault-Motor mit 1,4 Litern Hubraum, der 70 PS leistete (B14OE, die Bezeichnung hat nichts mit dem B14-Motor der 1950er-Jahre zu tun). Die brave OHV-Maschine mit seitlicher Nockenwelle war wieder recht robust und wies als hervorzuhebendes Detail einen Leichtmetall-Zylinderkopf auf. Das Variomatic-Getriebe wurde vom Volvo 66 übernommen und war wieder stufenlos zwischen Übersetzungen von 14,22 und 3,86:1 variabel. Die De-Dion-Achse mit Längsblattfedern wurde ebenso beibehalten. Ursprünglich sollte das Fahrzeug als DAF 77 auf den Markt kommen, doch durch die Übernahme der DAF-Autosparte hatte Volvo auch das Entwicklungsprojekt übernommen. Der Radstand der Schrägheck-Limousine war nur fünf Millimeter kürzer als der des Buckel-Volvo. Trotzdem sah das Auto wegen seines hochbeinigen Äußeren etwas gewöhnungsbedürftig aus. Die Zweikreisbremsanlage war servounterstützt und vorne kamen Scheibenbremsen zum Einsatz. Bei diesem Modell war immer noch ein Schmierdienst alle 10.000 Kilometer fällig. Als Höchstgeschwindigkeit gab das Werk 145 km/h an.

Der 343 fand rasch Anklang und die Anzahl der verkauften Modelle stieg von knapp 30.000 im Modelljahr 1977 auf fast 68.000 Stück im Modelljahr 1979.

Das erste Facelifting zeigte für 1978 die neuen durchbrochenen Kopfstützen sowie eine gerade Zierlinie in mittlerer Höhe der Türen. Außerdem gab es größere, schwarz

lackierte Außenspiegel und die beiden Ausstattungsstufen L und DL.
Das Angebot wurde 1979 durch ein manuelles Vierganggetriebe ergänzt, wobei die Transaxle-Bauweise beibehalten wurde. Neu waren bei allen Modellen auch die Seitenmarkierungsleuchten an den vorderen Kotflügeln. Für das darauffolgende Jahr 1980 stellte Volvo dem Dreitürer eine fünftürige Variante zur Seite (Typ 345), die endlich einen besseren Zustieg für die Hinterbänkler brachte. Technisch hatte sich wenig verändert, es kam jedoch die Ausstattungsvariante GL dazu. Mit dem Ende des Volvo 66 konnte man sich nun auf die Fortentwicklung der Modellreihe 300 konzentrieren.
Das Jahr 1981 brachte die Einführung eines weiteren Motors, eines B19A genannten Zweiliter-Vierzylinders, der wie früher wieder mit einem englischen SU-Vergaser Typ HIF6 ausgerüstet wurde. Die Leistung betrug 95 PS und beschleunigte den Wagen auf 165 km/h. Damit war der 345 GLS nun gut motorisiert und konnte auf seinen breiteren Reifen der Dimension 185/70SR13 (wahlweise 185/60SR14) gegen seine vielen Konkurrenten antreten. Für die ganz Eiligen gab es die Ausführung R-Sport, deren B19-Motor dank zweier Solex Doppelvergaser auf 123 PS kam und mit 180 km/h angegeben wurde. Natürlich hatte der R-Sport auch diverse optische Features wie Front- und Heckspoiler, spezielle Felgen und ein auffälliges Streifendekor. Ebenso attraktiv, aber nicht ganz so flott war der Oettinger 343, bei dem der B14-Motor auf 1,6 Liter vergrößert wurde, was für 90 PS gut war. Beide Sondermodelle hatten das manuelle Viergang-Getriebe.
Für 1982 gab es auf dem deutschen Markt insgesamt sieben Modelle in der 300er-Serie: 343 L, 343 DL, 343 DLS, 343 GL, 343 GLS, 345 DL, 345 GL und 345 GLS. Die Modelle mit einem »S« am Ende hatten immer die größere Maschine unter der Haube, den anderen war die kleinere Motorisierung mit 70 PS vorbehalten. Als Getriebe war nach wie vor die Variomatic im Angebot, doch es konnte nun zwischen zwei Handschaltgetrieben gewählt werden. Neu war hierbei das Fünfgang-Aggregat.
Der deutsche Importeur gab für die Ausstattungsvarianten L und DL eine Leistung von 64 PS, für den GL von 71 PS an. Die Zweiliter-DLS/GLS-Modelle warteten mit den bekannten 95 PS auf. Letzterer Motor stammte von Volvo selbst. Die Preise reichten von 14.480 DM für den 343L

Der neue kleine Volvo war als Dreitürer und Fünftürer erhältlich. Beide Varianten boten durch die große Hecktür reichlich Laderaum.

bis zu 18.420 DM für den 345GLS. Im Modelljahr 1983 gab es wieder eine Erweiterung der Modellpalette in Form des 360GLT, der mit einem Einspritzmotor (Typ B19E) und 117 PS Leistung vorgestellt wurde. Die bereits bekannten Motoren wurden beibehalten. Das Spitzenmodell brachte es auf maximal 185 km/h und kam ausschließlich mit dem Fünfgang-Getriebe zum Kunden. Es hatte zusätzlich eine komfortablere Innenausstattung und bekam als erstes Modell den Frontspoiler, der später bei allen Varianten serienmäßig war. Allen höherwertigen Modellen kamen ein breiter Rempelschutz sowie verbesserte Stoßfänger an den Seiten zugute.

Für 1984 gab es eine weitere Modell-Variante. Volvo führte ein viertüriges Stufenheckmodell ein, das ausschließlich mit den beiden Zweiliter-Maschinen ausgerüstet werden konnte, wobei der B19A-Motor für alle Modelle auf 90 PS gedrosselt wurde. Diese viertürige Limousine wies noch eine zusätzliche Zierlinie unterhalb der Gürtellinie auf.

Der stärkste Fünftürer hieß nun 360GLT, während die gleich starke Viertüren-Ausführung 360GLE genannt wurde. Der GLT bekam einen modischen Heckspoiler.

Das Jahr 1985 brachte den erstmaligen Einsatz eines Dieselmotors in der Serie 300. Der 1,6-Liter-Selbstzünder leistete 54 PS und lag damit gleichauf mit den Saugdieseln in den VW-Modellen Golf und Passat. Knapp 19.000 DM mussten mindestens dafür auf den Tisch geblättert werden. Der Golf war schon ab 16.000 DM zu haben und der Passat war nur unwesentlich teurer als der Volvo. Der 343/345 mit der Einstiegsmotorisierung konnte nach wie vor mit dem stufenlosen Automatik-Getriebe geliefert werden. Der Diesel und alle Zweiliter-Varianten kamen ausschließlich mit der gut abgestuften Fünfgang-Box zum Kunden.

Im selben Jahr wurde in Deutschland zum ersten Mal unverbleiter Kraftstoff an den Zapfsäulen angeboten, während in den USA schon seit 1971 solcher Sprit verfügbar war. Viele Hersteller trugen auch den neuen gesetzlichen Rahmenbedingungen und der Förderung umweltfreundlicher Autos Rechnung, indem sie zumindest ihre Modelle mit Benzineinspritzung mit Katalysatoren anboten. Bei kleineren Autos waren diese meist noch ungeregelt, die größeren hatten bereits eine Lambda-Regelung. So startete Volvo auch schon bei den 300ern im Modelljahr 1986 beim Zweiliter-Einspritzer wahlweise mit einem Katalysator, der immerhin sechs PS kostete. Die ungereinigte Version leistete 115 PS. Neu war auch ein Motor, der sich zwischen die bisherigen Maschinen einreihte. Es handelte

Die erste Serie des 343 war größtenteils eine DAF-Entwicklung und hatte noch die Variomatik.

sich dabei um den auch in einigen Renault-Modellen verwendeten, zahnriemengetriebenen 1,7-Liter-OHC-Motor, der entweder mit Weber-Doppelvergaser und 83 PS oder aber mit Einspritzung, Kat und 75 PS erhältlich war. Letzterer war auf den Betrieb mit Normalbenzin ausgelegt.
Die Seitenmarkierungsleuchten wanderten jetzt in die vorderen Stoßfänger, Verbundglas-Frontscheiben waren wie die zwei Außenspiegel sowieso serienmäßig und bei den teureren Modellen sogar getönt. Die Preise begannen bei 16.750 Mark. Für das Modelljahr 1987 waren nur minimale Modellpflegemaßnahmen vorgenommen worden und auch für 1988 gab es keine technischen Änderungen. Den von anderen Herstellern bereits eingesetzten Turbodieselmotoren hatte Volvo bislang noch nichts entgegenzusetzen. Es wurde auch schon mit Hochdruck am Nachfolger gearbeitet.
Nach dem Erscheinen der 400er-Serie im Sommer 1988 war nur noch minimale Weiterentwicklung an der 300er-Serie angesagt. Der 360er ging in sein letztes Modelljahr und für 1990 war nur noch der 340er lieferbar. Für Deutschland gab es noch das Sondermodell »Arvika« mit geänderten Radkappen und Metallic-Lack, jedoch ohne Änderungen unter dem Blechkleid. Das Modelljahr 1991 sollte dann auch das letzte für den kleinen Volvo werden. Die Zweiliter-Motoren waren schon für 1990 entfallen und den neuen 440/460 vorbehalten.

Modell:	**Volvo 343 DL**
Bauzeit:	**1976–91**
Motor:	**4 Zylinder in Reihe**
Bohrung/Hub (mm):	**76 x 77**
Hubraum (cm³):	**1387**
Leistung (PS/kW-min.-1):	**70(59)/5500**
Verdichtung:	**9,25:1 bis 9,5:1**
Ventilsteuerung:	**OHV, hängende Ventile**
Gemischaufbereitung:	**1 Weber-Vergaser Typ 32**
Getriebe:	**Stufenloses Variomatic-Getriebe**
Bereifung:	**155SR13 oder 175/70SR13**
Bremsanlage:	**Vorn Scheiben, hinten Trommeln**
Radstand (mm):	**2395**
Länge x Breite x Höhe (mm):	**4190 x 1660 x 1395**
Karosserien:	**3-türige Schrägheck-Limousine**
Anzahl der Sitze:	**5**
Leergewicht (kg):	**ab 980 kg**
Höchstgeschwindigkeit:	**145 km/h**
Preis:	**DM 13.900 (1977)**
Weitere Getriebe:	**4-Gang- und 5-Gang-Schaltgetriebe**
Weitere Motoren:	**1,4 Liter mit 64-69 PS 1,7 Liter mit 82 PS (ohne Kat) 1,7 Liter mit 75 PS (mit Kat)**
Weitere Varianten:	**345 (Fünftürer), Stufenheckmodelle Verschiedene Ausstattungsvarianten wie Standard, L, GL, GLS, GLE, GLT je nach Motorisierung.**

Modell:	**Volvo 360 GLE**
Bauzeit:	**1983–89**
Motor:	**4 Zylinder in Reihe**
Bohrung/Hub (mm):	**88,9 x 80**
Hubraum (cm³):	**1954**
Leistung (PS/kW-min.-1):	**117(86)/5700**
Verdichtung:	**10,0:1**
Ventilsteuerung:	**OHC, hängende Ventile**
Gemischaufbereitung:	**elektronische Benzineinspritzung**
Getriebe:	**5-Gang-Schaltgetriebe**
Bereifung:	**175/70TR13 oder 185/60SR14**
Bremsanlage:	**Vorn Scheiben, hinten Trommeln**
Radstand (mm):	**2395**
Länge x Breite x Höhe (mm):	**4435 x 1660 x 1435**
Karosserien:	**4-türige Stufenheck-Limousine**
Anzahl der Sitze:	**5**
Leergewicht (kg):	**ab 1120 kg**
Höchstgeschwindigkeit:	**185 km/h**
Preis:	**DM 22.900 (1983)**
Weitere Getriebe:	**keine**
Weitere Motoren:	**2,0 Liter mit 102 PS (ab MJ 1985) 2,0 Liter mit 109 PS (Einspr. m. Kat)**
Weitere Varianten:	**340DL**

Bauzeit aller 340 und 360 Dreitürer:	1976 – 1990
Bauzeit aller 340 und 360 Viertürer:	1983 – 1989
Bauzeit aller 340 und 360 Fünftürer:	1979 – 1991

Das Kofferraumvolumen war bei diesen Modellen durchaus beachtlich und konnte mit anderen Fabrikaten in dieser Kategorie gut mithalten.

Der 360 GL in der Stufenheckvariante hat eine deutlich konservativere Optik als die Schrägheck-Modelle.

Mit stärkeren Motoren und einem Viergang-Schaltgetriebe bekam der 360 GLT als Sondermodell auch eine sportliche Optik.

Die Volvo 400er-Serie

Die Nachfolge der nach wie vor in den Niederlanden produzierten Serie 300 trat ab Sommer 1988 die Serie 400 an, die ebenfalls dort hergestellt wurde. Wobei schon 1986 auf dem Genfer Autosalon ein zweitüriger Sport-Kombi mit großer Glastür am Heck, quasi im Geiste des verblichenen P 1800 ES, ausgestellt wurde, der die Typbezeichnung 480 ES erhielt.

Die Karosserie war völlig untypisch für Volvo mit ihrem Kühlergrill und der markanten Querstrebe unter dem vorderen Stoßfänger, der weit heruntergezogenen Motorhaube sowie den versenkten Klappscheinwerfern. Die Fans der eckigen Volvos erinnerte dieses neue Aussehen stark an einen Honda Civic, wobei jedoch keinerlei Kooperation zwischen den beiden Firmen bestand. Den Antrieb besorgte wieder ein nun quer eingebauter Renault-Vierzylinder mit 1,7 Litern Hubraum und Fenix-Benzineinspritzung, mit der 109 PS erreicht wurden. Erstmalig kam bei Volvo mit dem 480er ein Frontantrieb zum Einsatz. Mit dem zwei Jahre später wahlweise angebotenen Soft-Turbo waren dann 120 PS drin. Der 1,7-Liter wurde für 1993 durch einen Zweiliter (109 PS) abgelöst. Die Produktion nahm nur langsam Fahrt auf und 1986 wurden gerade noch 851 Exemplare gefertigt. Doch schon 1987 stieg diese Zahl auf respektable 11.000 Exemplare an.

Modell:	**Volvo 480ES (Coupe)**
Bauzeit:	**1986–95**
Motor:	**4 Zylinder in Reihe**
Bohrung/Hub (mm):	**81 x 83,5**
Hubraum (cm³):	**1721**
Leistung (PS/kW-min.-1):	**109(80)/5800**
Verdichtung:	**10,5:1**
Ventilsteuerung:	**OHC**
Gemischaufbereitung:	**Fenix Benzineinspritzung**
Getriebe:	**5-Gang-Schaltgetriebe**
Bereifung:	**185/60HR14**
Bremsanlage:	**Vier Scheibenbremsen**
Radstand (mm):	**2505**
Länge x Breite x Höhe (mm):	**4260 x 1710 x 1320**
Karosserien:	**Combi-Coupe**
Anzahl der Sitze:	**4**
Leergewicht (kg):	**ab 1000 kg**
Höchstgeschwindigkeit:	**190 km/h**
Preis:	**DM 33.990 (1988)**
Weitere Getriebe:	**4-Gang-Automatikgetriebe**
Weitere Motoren:	**1,7 Liter Turbo mit 120 PS (1988–95) 2,0 Liter mit 109 PS (1993–1995)**
Weitere Varianten:	**Cabrio als Prototyp**

Immer noch verwendete Volvo eine starre Hinterachse, hier mit Wattgestänge, Panhardstab und Schraubenfedern. Die Lenkanlage war platzsparend mit Zahnstangen-Getriebe und Servounterstützung ausgeführt. Die windschnittige Form erlaubte eine Spitze von 190 km/h, mit Turbo sogar 200 km/h.

Im Juni 1988 debutierte dann für das Modelljahr 1989 der Volvo 440 mit Schrägheck mit großer Hecktür als viertürige Limousine und denselben Motoren wie beim 480 ES, lediglich eine Version am unteren Ende der Skala mit zwar ebenfalls 1,7 Litern Hubraum aber nur 82 PS wurde angeboten.

Der 440 stand auf derselben Bodengruppe wie schon der 480 und war mit diesem technisch weitgehend identisch. Auch mit diesem recht kompakten Modell blieb Volvo der Silhouette mit den drei Seitenfenstern treu. Die Front zeigte den typischen Volvo-Grill, die gesamte Erscheinung folgte dem kantigen Aussehen der parallel gebauten 200er und 700er Serie. Alle Modelle waren mit einem Fünfgang-Schaltgetriebe ausgerüstet.

Mit einem Einstandspreis von knapp 26.000 DM fiel der Abstand zum parallel weiter angebotenen Modell 340 DL, der nur etwas über 21.000 DM kostete und den gleichen

Motor besaß, recht happig aus. Zumal der 440 gegenüber dem 340 in der Länge nicht gewachsen war. Ab Modelljahr 1990 konnten einzelne Motoren auch mit einem Viergang-Automatik Getriebe von ZF kombiniert werden. Für dasselbe Jahr brachte Volvo eine Stufenheck-Ausführung als Typ 460 heraus. Mit einem wesentlich größeren Kofferraum gesegnet, taugte der 460 nun auch für einen Familienurlaub. Motorenangebot und Fahrwerk sowie Lenkung und Optik blieben gleich wie beim 440er. Da der 440er mit seinem Schrägheck zwar dem Zeitgeschmack folgte, aber kein richtiger Kombi war, wie er ja bei den anderen Volvo-Modellen immer sehr begehrt und erfolgreich war, dachten verschiedene Karosseriebaufirmen darüber nach, wie man dem abhelfen könne. Auf eine kleine Serie von ca. 500 Stück brachte es dabei lediglich ein Kunststoffaufsatz des Zulieferers Bieber, den man anstatt der üblichen Hecktür auf den 440 setzen konnte. Er wurde sogar von einigen Volvo-Händlern angeboten.

Auf dem Genfer Salon des Jahres 1990 konnten die Zuschauer ein überaus ansprechend gestaltetes Cabrio auf Basis des 480 bestaunen, welches mit Überrollbügel und nur zwei Sitzen sowie einem Blechdeckel für den Kofferraum aufwartete. Leider schaffte es den Sprung in die Serie nicht. Zulieferprobleme und möglicherweise auch Schwierigkeiten bei der Typengenehmigung sollen der Grund gewesen sein.

Das Modelljahr 1991 brachte wenig Neues, doch für 1992 führte Volvo einen weiteren Motor ein, der die mittlere Leistungsvariante des 1,7-Liters, der seither nur mit ungeregeltem Kat erhältlich war, nun reif für einen geregelten Kat machte. Dieser Motor war jetzt ein 1,8-Liter mit der gleichen Leistung von 90 PS wie der 1,7-Liter-Vergasermotor, der die letztgenannten Maschinen dann bis zum Ende des Modelljahres 1994 ersetzte.

Für 1993 erweiterte Volvo die Motorenpalette am unteren und oberen Ende. Die Einstiegsmaschine stellte nun

Modell:	**Volvo 440 (Schrägheck)**
Bauzeit:	**1988–96**
Motor:	**4 Zylinder in Reihe**
Bohrung/Hub (mm):	**81 x 83,5**
Hubraum (cm³):	**1721**
Leistung (PS/kW-min.-1):	**82(60)/5400**
Verdichtung:	**9,5:1**
Ventilsteuerung:	**OHC**
Gemischaufbereitung:	**1 Solex-Doppelvergaser 28-34**
Getriebe:	**5-Gang-Schaltgetriebe**
Bereifung:	**165/70SR14**
Bremsanlage:	**Vorn Scheiben, hinten Trommeln**
Radstand (mm):	**2505**
Länge x Breite x Höhe (mm):	**4310 x 1680 x 1405**
Karosserien:	**5-türige Limousine**
Anzahl der Sitze:	**5**
Leergewicht (kg):	**ab 1010 kg**
Höchstgeschwindigkeit:	**170 km/h**
Preis:	**DM 25.990 (1989)**
Weitere Getriebe:	**4-Gang-Automatikgetriebe**
Weitere Motoren:	**1,6 l, 2,0 l, 1,8 l Turbo, 1,9 l Turbo Diesel**
Weitere Varianten:	**GL/GLT/Turbo**

Modell:	**Volvo 460 (Stufenheck)**
Bauzeit:	**1989–96**
Motor:	**4 Zylinder in Reihe**
Bohrung/Hub (mm):	**82,7 x 93**
Hubraum (cm³):	**1998**
Leistung (PS/kW-min.-1):	**110(81)/5500**
Verdichtung:	**9,5:1**
Ventilsteuerung:	**OHC**
Gemischaufbereitung:	**Fenix Benzineinspritzung**
Getriebe:	**5-Gang-Schaltgetriebe**
Bereifung:	**185/65HR14**
Bremsanlage:	**Vier Scheibenbremsen**
Radstand (mm):	**2505**
Länge x Breite x Höhe (mm):	**4405 x 1680 x 1405**
Karosserien:	**4-türige Limousine**
Anzahl der Sitze:	**5**
Leergewicht (kg):	**ab 1030 kg**
Höchstgeschwindigkeit:	**190 km/h**
Preis:	**DM 33.950 (1993)**
Weitere Getriebe:	**4-Gang-Automatikgetriebe**
Weitere Motoren:	**1,6 l, 1,8 l, 1,8 l Turbo, 1,9 l Turbo Diesel**
Weitere Varianten:	**GL/GLE/Turbo**

eine auf 1,6 Liter reduzierte Einspritzvariante mit 83 PS dar. Das obere Ende wurde durch einen Zweilitermotor mit 110 PS ergänzt, über dem noch der Turbo des 480 mit 120 PS stand. Die Top-Modelle hatten jetzt Scheibenbremsen an allen vier Rädern.
Mit einem ansprechenden Facelift und erstmals mit einem Dieselmotor startete die Baureihe ins Modelljahr 1994. Der Kühlergrill war sanft etwas nach vorn gerückt und die Heckleuchten waren größer geworden, was die Optik deutlich verbesserte und gleichzeitig in einigen Punkten das Styling des Nachfolgers vorwegnahm.
Der Vorkammer-Diesel hatte 1,9 Liter Hubraum und leistete, durch einen Garrett-Turbolader zwangsbeatmet, 90 PS. Das brachte den 440 Diesel sogar auf 180 km/h. Die Paradedisziplin von 0 auf 100 km/h schaffte er in guten zwölf Sekunden.
Nur für 1995 tauchte der 1,7-Liter-Einspritzer wieder auf, der mit ungeregeltem Kat 106 PS, mit geregeltem Kat jedoch 101 PS leistete.
Im darauffolgenden Jahr stand schon der Nachfolger S40 parat, doch eine letzte Modellpflege betraf ein neues Raddesign sowie die Ausmusterung verschiedener Motoren. Im Sommer 1996 lief die Baureihe der Serie 400 aus.

Bauzeit aller 440 Fünftürer:	1988 – 1996
Bauzeit aller 460 Viertürer:	1989 – 1996
Bauzeit aller 480 ES Coupe:	1986 – 1995

Mit seiner großen gläsernen Hecktür und der Bezeichnung ES war der neue Sportwagen 480 eine deutliche Hommage an den Schneewittchensarg.

Der 480 ging innerlich mit dem Frontantrieb und äußerlich besonders mit seiner flachen Frontgestaltung und dem kleinen Kühlergrill einen ganz neuen Weg bei Volvo.

Wie dieser 440 GLT hatten die ersten Limousinen der neuen Serie ein Stummelheck, das durch eine große Hecktür beladen werden konnte.

Mit dem Kombi-Aufsatz aus dem Zubehörprogramm wird der 440 optisch zu einem typischen Volvo Kombi. Die Belademöglichkeiten sind allerdings etwas eingeschränkt. (Foto: ICM, Zaventem)

Mit Stufenheck hieß das Modell 460 und hatte alle Attribute, die in den 1980er-Jahren eine Volvo Limousine ausmachten. Hier im Bild ein 460 GLT.

Die Volvo 700er-Serie

Für die langsam in die Jahre kommende Serie 200 mit den Modellen 240 und 260 entwickelte Volvo in der zweiten Hälfte der 1970er-Jahre den Nachfolger in Form des Duos 740/760. Zuerst wurde ab 1982 der 760 zum Nachfolger des 260, dann sollte ab 1984 der 740 die höherwertigen Versionen des 240 ersetzen. Der ausgereifte 240er blieb wegen seiner Beliebtheit für manche Märkte dann aber trotzdem noch bis 1993 im Programm. Ab 1985 gesellte sich zu der neuen 700er Reihe sogar noch ein Coupé (Typ 780) dazu.

Der 760 war etwas kürzer als der 260er und auch geringfügig niedriger und breiter, obwohl er durch das völlig neue Design mit gänzlich anderen Proportionen für Volvo-Verhältnisse geradezu filigran wirkte. Der Radstand wuchs um 130 auf 2770 Millimeter, was dem Platz für die Fondpassagiere zugute kam.

Das dritte Seitenfenster wurde beibehalten, aber deutlich verkleinert. Die sehr kantige Karosserie ließ durch die ansonsten wesentlich größeren Scheibenflächen viel mehr Licht in den Innenraum.

Die Hinterachse war nach wie vor als Starrachse ausgeführt, bekam jedoch eine völlig neue Aufhängung, die sie im Fahrkomfort einer Einzelradaufhängung vergleichbar machte.

Das Motorenangebot war recht vielseitig und die Kundschaft konnte zwischen einem gegenüber dem 240 größeren Turbo-Vierzylinder mit 173 PS, dem aus dem 264 bekannten 2,9-Liter-V6 und zwei 2,4-Liter-Dieselmaschinen wählen. Den Diesel gab es als Sauger und als Turbo mit 82 respektive 110 PS Leistung, beide mit Bosch-Verteiler-Einspritzpumpen und Wirbelkammer-Technik. Zum Vergleich: der seit 1979 angebotene Peugeot 604 Turbodiesel schöpfte aus 2,3 Litern nur schlappe 73 PS, der Mercedes W123 als 240D (Saugdiesel) kam auf 72 PS und als Dreiliter-Turbodiesel auf immerhin 125 PS. Volvo war also auch auf dem immer wichtiger werdenden Diesel-Sektor gut aufgestellt. Ab 1987 kamen immer mehr Katalysator-Versionen parallel zu den Modellen ohne dieses Abgasreinigungs-System hinzu, die dabei jedoch allesamt zwischen fünf und 15 Prozent ihrer Leistung einbüßten.

Die Dreigang-Automatik mit Overdrive-Funktion gab es anfänglich nur für den V6, ab 1984 dann auch für den 740er mit Reihenvierzylinder.

Der ab 1984 angebotene 740 mit identischer Karosserie und gleichen Abmessungen kam im ersten Jahr mit einem 2,3-Liter-Einspritzmotor mit vier Zylindern und einem mit 140 PS (ab 1985 dann auf 131 PS reduziert) in dieser Klasse üblichen Leistungsniveau auf den Markt.

Modell:	**Volvo 760**
Bauzeit:	**1982 – 1990**
Motor:	**6 Zylinder V6**
Bohrung/Hub (mm):	**91 x 73**
Hubraum (cm³):	**2849**
Leistung (PS/kW-min.-1):	**156(115)/5700, ab 1988 170(125)/5400**
Verdichtung:	**9,5:1 (ab 1988: 10,0:1)**
Ventilsteuerung:	**OHC**
Gemischaufbereitung:	**Bosch K-Jetronic**
Getriebe:	**4-Gang-Schaltgetriebe mit Overdrive**
Bereifung:	**195/60HR15**
Bremsanlage:	**Vier Scheibenbremsen**
Radstand (mm):	**2770**
Länge x Breite x Höhe (mm):	**4785 x 1760 x 1410**
Karosserien:	**4-türige Limousine**
Anzahl der Sitze:	**5**
Leergewicht (kg):	**ab 1325 kg**
Höchstgeschwindigkeit:	**190 km/h**
Preis:	**DM 35.250 (1982 760GLE)**
Weitere Getriebe:	**4-Gang-Automatik**
Weitere Motoren:	**2,3 l Turbo, 2,3 l Turbo Diesel**
Weitere Varianten:	**Kombi, Langversion mit 7 Sitzen (TE)**

Die moderne Bosch L-Jetronic blieb dieser Maschine über die gesamte Modelllaufzeit bis 1992 erhalten, ab 1985 gab es noch eine Kat-Version mit 117 PS sowie eine einfachere Vergaser-Ausführung mit 114 PS und, viel wichtiger, den 2,3-Liter-Turbo mit 182 PS, der sowohl für den 740 wie für den 760 zur Verfügung stand.

Auf der Chicago Motor Show im Februar 1985 stand erstmals der 740 Kombi, der wegen seiner kompromisslos eckigen und für den großen Transport geeigneten Karosserie gleich den Nickname »swedish brick« (schwedischer Ziegelstein) bekam (ab 1986 auch als 760 Kombi). Und in Genf wurde im selben Jahr auch schon das von Bertone entworfene und gebaute neue 780 Coupé vorgestellt.

Dieses Coupé bekam als Alleinstellungsmerkmal einen 2,5-Liter-V6, der als einziger V6 im Volvo-Motorenprogramm mit Turbo bestückt war und 165 PS leistete. Mit der neuesten Bosch-LH-Jetronic mit Hitzdraht-Luftmassenmesser war er auf der Höhe der Zeit, konnte sich aber nicht durchsetzen. Volvo ersetzte ihn bereits zum Modelljahr 1987 durch den größeren V6-Sauger mit zuerst 156 und ein Jahr später sogar 170 PS. Für die parallel offerierte Kat-Version waren noch 147 PS übriggeblieben. Sogar mit dem Turbodiesel konnte das Coupé bestellt werden. In Deutschland ist dieses Modell leider nicht offiziell angeboten worden, es sind jetzt jedoch einige Importe besonders aus der Schweiz, Italien und den USA in Deutschland unterwegs.

Nun zurück zum wichtigsten Modell, dem 740er: Während seiner Bauzeit von 1984 bis 1992 sind neben dem VW-Dieselmotor und den jeweiligen Benzinmotor-Ausführungen mit Katalysator (ab 1985) gleich drei Motor-Generationen zum Einsatz gekommen. Zu Beginn waren dies die 2,3-Liter-Vierzylinder mit Vergaser (bis 1990) bzw. Benzineinspritzung. Auch eine Turboversion kam ab

Modell:	**Volvo 740 GLE**
Bauzeit:	**1984–1992**
Motor:	**4 Zylinder in Reihe**
Bohrung/Hub (mm):	**96 x 80**
Hubraum (cm³):	**2300**
Leistung (PS/kW-min.-1):	**131(97)/5400 (1985–1992)**
Verdichtung:	**10,3:1**
Ventilsteuerung:	**OHC**
Gemischaufbereitung:	**Bosch K-Jetronic**
Getriebe:	**4-Gang-Schaltgetriebe mit Overdrive**
Bereifung:	**185/70HR14**
Bremsanlage:	**Vier Scheibenbremsen**
Radstand (mm):	**2770**
Länge x Breite x Höhe (mm):	**4785 x 1760 x 1410**
Karosserien:	**4-türige Limousine**
Anzahl der Sitze:	**5**
Leergewicht (kg):	**ab 1330 kg**
Höchstgeschwindigkeit:	**182 km/h**
Preis:	**DM 33.490 (1985 740GLE)**
Weitere Getriebe:	**3-Gang-Automatik, 5-Gang manuell**
Weitere Motoren:	**2,0 l, 6-Zylinder 2,3 l Diesel + Turbo**
Weitere Varianten:	**Kombi**

Modell:	**Volvo 780**
Bauzeit:	**1985–1986**
Motor:	**6 Zylinder V6**
Bohrung/Hub (mm):	**91 x 63**
Hubraum (cm³):	**2441**
Leistung (PS/kW-min.-1):	**165(122)/5400**
Verdichtung:	**8,6:1**
Ventilsteuerung:	**OHC**
Gemischaufbereitung:	**Bosch LH-Jetronic**
Getriebe:	**4-Gang-Automatikgetriebe mit Overdrive**
Bereifung:	**205/60HR15**
Bremsanlage:	**Vier Scheibenbremsen**
Radstand (mm):	**2770**
LängexBreitexHöhe (mm):	**4790x1750x1400**
Karosserien:	**2-türiges Coupé**
Anzahl der Sitze:	**5**
Leergewicht (kg):	**ab 1425 kg**
Höchstgeschwindigkeit:	**200 km/h**
Preis:	**In Deutschland nicht angeboten**
Weitere Getriebe:	**4-Gang Getriebe mit Overdrive**
Weitere Motoren:	**4 Zylinder 2,0 l, 6 Zylinder 2,8 l, 2,3 l Diesel Turbo**
Weitere Varianten:	**Keine**

1985 dazu. Das Jahr 1988 brachte zusätzlich noch eine Turbo-Vierventil-Ausführung mit zuerst 160 und ab 1990 sogar 170 PS Leistung. Das Jahr 1990 überraschte mit einem Zweiliter-Turbobenziner mit DOHC-Technik und zuerst 200, dann 190 PS, der jedoch nur bis 1991 im Programm auftauchte. Im Jahr 1986 begann der Übergang von den bisherigen Aisin-Warner-Automatikgetrieben zu ZF-Automaten des Typs 4HP. Gleichzeitig führte man beim Saugdiesel erstmals ein Fünfgang-Getriebe ein. Der Turbodiesel musste jedoch noch mit der alten Viergang-Box auskommen. Auf dem Pariser Salon 1986 stellte Volvo die verlängerte Version 760TE als Limousine für besonders repräsentative Zwecke vor.

Im Herbst 1987 gab es auch äußerlich ein Facelift mit einer etwas flacheren Front. Doch die größte Änderung war beim Modell 760 der Übergang zur hinteren Einzelradaufhängung, die wegen ihrer Quer- und Längslenker als Mehrlenker-Hinterachse bezeichnet wurde. Die 760er-Modelle hatten zum Modelljahr 1988 nun serienmäßig einen automatischen Blockier-Verhinderer von Bosch an Bord. Im Frühjahr 1988 brachte Volvo als Neuheit die Motorengeneration mit vier Ventilen pro Zylinder und DOHC-Technik auf dem Genfer Salon an den Start. Die Leistung stieg damit von 116 PS auf 159 PS. Doch das Fünfgang-Schaltgetriebe war noch immer dem Saugdiesel und der schwächsten Motorvariante vorbehalten.

Dazu gesellte sich ab dem Modelljahr 1990 als Topmotorisierung noch ein turbogeladener Vierventil-DOHC-Antrieb, mit anfänglichen 200 PS und mit LH-Jetronic und Ladeluftkühler technisch aufgerüstet. Der Hubraum wurde dabei auf zwei Liter reduziert.

Alle Volvos der 700er-Serie verfügten nun über das serienmäßige Bosch-ABS-System.

Ab dem Sommer 1990 kam die Nachfolgegeneration in Form der Serie 900 sukzessive zur Geltung. Die Serie 760 wurde sofort durch den 960 abgelöst und die 740er ersetzte man nach und nach durch den 940. Das Modelljahr 1992 war dann das letzte für die 740er. In Deutschland wurde schon 1991 nur noch ein einziger Kombi angeboten und im Herbst desselben Jahres lief der Export in unser Land bereits aus.

Bauzeit aller 740 Viertürer:	1984 – 1992
Bauzeit aller 740 Fünftürer:	1985 – 1992
Bauzeit aller 760 Viertürer:	1982 – 1990
Bauzeit aller 760 Fünftürer:	1985 – 1990
Bauzeit aller 780 Coupe:	1985 – 1990

Die erste Generation der 700er fiel durch die konsequent kantige Karosserie besonders auf. Hier ein 740 GL.

Der 760 Turbo war ein richtig schneller Wagen, durch diesen Vergleich mit einem TGV der SNCF eindrucksvoll unterstrichen.

Der Kombi war nicht mehr ganz so geräumig wie sein Vorgänger, aber ein ebenso guter Zugwagen. An den Doppelscheinwerfern erkennt man die US-Ausführung.

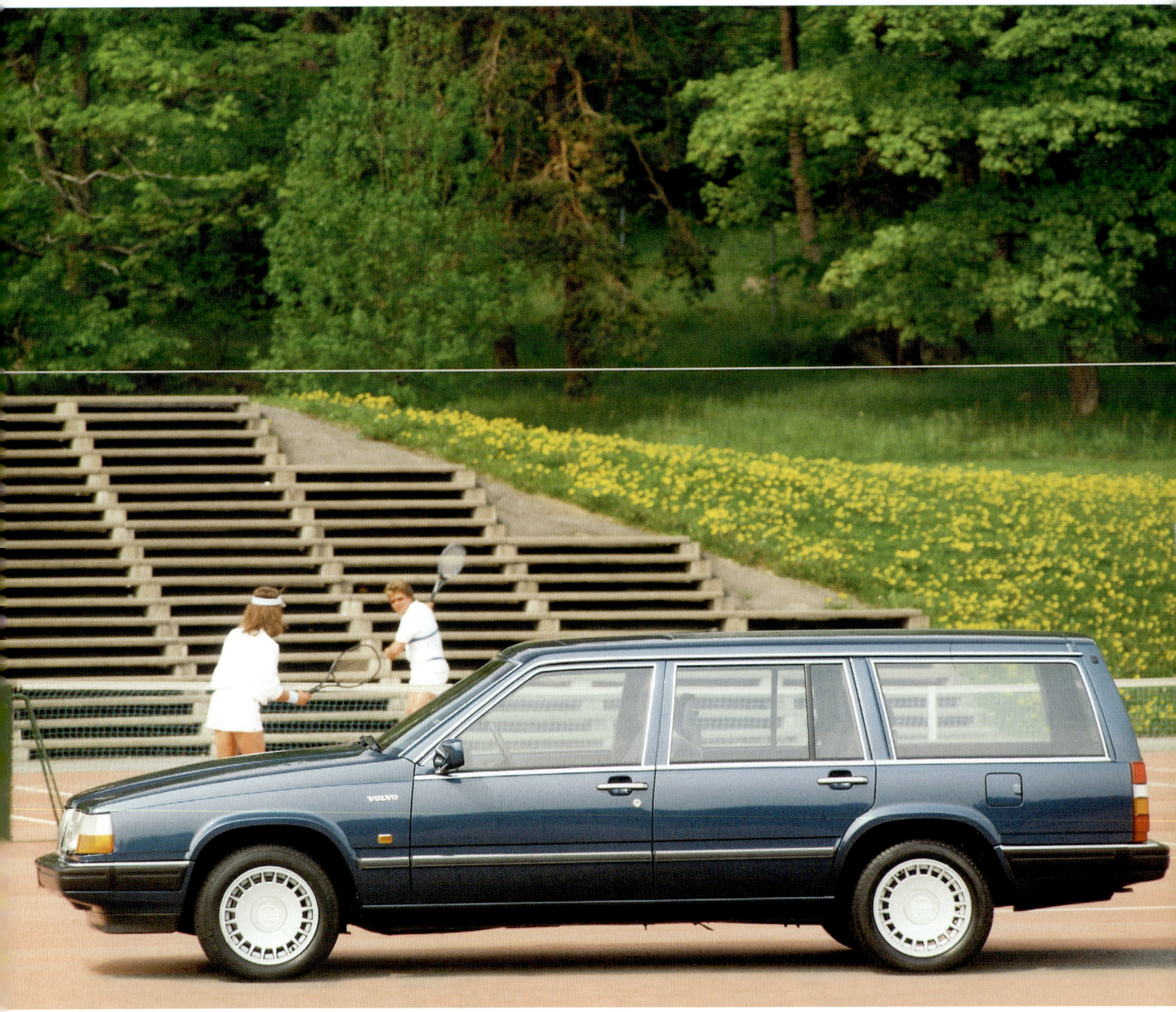

Die besonders beim Kombi eckige Form erinnerte manchen Betrachter an einen Container oder Ziegelstein. Das führte bald zum Spitznamen »Swedish brick«.

Die letzten Modelle des 760 bekamen ein Facelifting, womit die Frontpartie flacher und zeitgemäßer wurde.

Das 780 Coupé war offiziell nie für den deutschen Markt vorgesehen, fand aber auch hier immer mehr Liebhaber.

Die Volvo 800er-Serie

In die Lücke zwischen den Modellen 460 und 740 passte die im Juni 1991 vorgestellte Kompaktlimousine Volvo 850 mit Frontantrieb und einer Länge von 4,66 Metern. Dieser neue 850 GLT war als Konkurrenz zu den erfolgreichen deutschen Mittelklasselimousinen gedacht. Mit ihm setzte Volvo nach der 400er Serie die Ära der Modelle mit Frontantrieb fort, die durch den Quereinbau des Motors trotz gerade noch kompakter Außenmaße einen deutlichen Zuwachs an Innenraum ermöglichten. Auch kamen hier erstmals die Volvo-Fünfzylinder-Reihenmotoren mit Doppelnockenwellen zum Einsatz, die im GLT mit 2,4 Liter Hubraum 170 PS leisteten.

Technisch gab es zu den genannten wichtigen Neuerungen noch eine Vierscheiben-Bremsanlage, einen schwingungs- und geräuschdämpfenden vorderen Trägerrahmen mit Federbeinen und Stabi, auf dem die gesamte Antriebseinheit ruhte, sowie eine hintere Verbundlenkerachse, bei Volvo »Delta-Link-Achse« genannt, die die Vorteile der Einzelradaufhängung und der Starrachse kombinieren sollte. Der herausragende Seitenaufprallschutz SIPS und ein Kindersitz, der auf Wunsch in die hintere Mittelarmlehne integriert werden konnte, zählten zu den wichtigen Sicherheitsfeatures.

Zahnstangenlenkung, Bosch-ABS und ein ungewöhnlich großer Kraftstofftank mit 73 Litern Fassungsvermögen rundeten das Bild ab.

Optisch war der Neue durchaus sofort als Volvo zu erkennen, sein Design orientierte sich am größeren 940, der

Modell:	**Volvo 850GLE**
Bauzeit:	**1992–1996**
Motor:	**5 Zylinder**
Bohrung/Hub (mm):	**83 x 90**
Hubraum (cm³):	**2435**
Leistung (PS/kW-min.-1):	**170(125)/6200**
Verdichtung:	**10,5:1**
Ventilsteuerung:	**DOHC**
Gemischaufbereitung:	**Bosch LH-Jetronic**
Getriebe:	**5-Gang-Schaltgetriebe**
Bereifung:	**195/60VR15 oder 205/55VR15**
Bremsanlage:	**Vier Scheibenbremsen**
Radstand (mm):	**2665**
Länge x Breite x Höhe (mm):	**4660 x 1760 x 1400**
Karosserien:	**4-türige Limousine**
Anzahl der Sitze:	**5**
Leergewicht (kg):	**ab 1330 kg**
Höchstgeschwindigkeit:	**215 km/h**
Preis:	**DM 46.600 (1993)**
Weitere Getriebe:	**4-Gang-Automatik**
Weitere Varianten:	**Kombi (1994–1996) zum gleichen Preis**

Modell:	**Volvo 850 T5 Turbo**
Bauzeit:	**1994–1996**
Motor:	**5 Zylinder**
Bohrung/Hub (mm):	**81 x 90**
Hubraum (cm³):	**2319**
Leistung (PS/kW-min.-1):	**225(165)/5300**
Verdichtung:	**8,5:1**
Ventilsteuerung:	**DOHC**
Gemischaufbereitung:	**Bosch Motronic**
Getriebe:	**5-Gang-Schaltgetriebe**
Bereifung:	**205/50ZR16**
Bremsanlage:	**Vier Scheibenbremsen**
Radstand (mm):	**2665**
Länge x Breite x Höhe (mm):	**4660 x 1760 x 1420**
Karosserien:	**4-türige Limousine**
Anzahl der Sitze:	**5**
Leergewicht (kg):	**ab 1420 kg**
Höchstgeschwindigkeit:	**240 km/h**
Preis:	**DM 59.700 (1994)**
Weitere Getriebe:	**4-Gang-Automatik**
Weitere Motoren:	**Keine**
Weitere Varianten:	**Kombi (1994–1996) zum gleichen Preis**

Modell:	Volvo 850 T5 R
Bauzeit:	1996
Motor:	5 Zylinder
Bohrung/Hub (mm):	81 x 90
Hubraum (cm³):	2319
Leistung (PS/kW-min.-1):	250(183)/5400
Verdichtung:	8,5:1
Ventilsteuerung:	DOHC
Gemischaufbereitung:	Bosch Motronic, Turbo und LLK
Getriebe:	5-Gang-Schaltgetriebe
Bereifung:	205/45ZR17
Bremsanlage:	Vier Scheibenbremsen
Radstand (mm):	2665
Länge x Breite x Höhe (mm):	4660 x 1760 x 1420
Karosserien:	4-türige Limousine
Anzahl der Sitze:	5
Leergewicht (kg):	ab 1420 kg
Höchstgeschwindigkeit:	250 km/h
Preis:	DM 83.200
Weitere Getriebe:	4-Gang-Automatik
Weitere Motoren:	Keine
Weitere Varianten:	Kombi zum gleichen Preis

Bauzeit aller 850 Viertürer: 1991 – 1997
Bauzeit aller 850 Fünftürer: 1992 – 1997

Modell:	Volvo 850GLE Diesel
Bauzeit:	1996
Motor:	5 Zylinder
Bohrung/Hub (mm):	81 x 95,5
Hubraum (cm³):	2461
Leistung (PS/kW-min.-1):	140(103)/4000
Verdichtung:	20,5:1
Ventilsteuerung:	OHC
Gemischaufbereitung:	Bosch Einspritzung Typ MSA mit Turbo von KKK und Ladeluftkühlung
Getriebe:	5-Gang-Schaltgetriebe
Bereifung:	195/60HR15
Bremsanlage:	Vier Scheibenbremsen
Radstand (mm):	2665
Länge x Breite x Höhe (mm):	4660 x 1760 x 1400
Karosserien:	4-türige Limousine
Anzahl der Sitze:	5
Leergewicht (kg):	ab 1460 kg
Höchstgeschwindigkeit:	200 km/h
Preis:	DM 52.100
Weitere Getriebe:	4-Gang-Automatik
Weitere Varianten:	Kombi zum gleichen Preis
Weitere Varianten:	Kombi zum gleichen Preis

nur ein Jahr vorher erschienen war und selbst eine Fortsetzung des Stils der Modelle 740 und 760 darstellte.

Die Modellreihe 850 baute man langsam auf. Im ersten Modelljahr 1992 gab es nur den 850 GLT, wobei das »T« nicht auf einen Turbolader hinwies, sondern auf den höheren Ausstattungsgrad.

Der GLT kostete fast 53.000 DM und fand sich damit in direktem Wettbewerb zum Beispiel mit dem etwas größeren Mercedes 220E mit 150 PS. Ein Jahr später stellte man ihm den etwas einfacheren 850 GLE zur Seite, dem für 1994 der GLE T5 folgte, der dann tatsächlich einen 225 PS starken Fünfzylinder-Turbo mit 2,3 Litern Hubraum besaß. Als Einstiegsmotorisierung gesellte sich für 1995 noch ein Zweiliter-Fünfender mit lediglich 126 PS hinzu. Und für den 850er stand auch ein Dieselantrieb zur Verfügung, der mit Turbolader und Direkteinspritzung aus 2,5-Litern 140 PS holte.

Eine um fünf Zentimeter längere Kombi-Version bereicherte schon ab Februar 1993 die Angebotspalette. Der Kombi zeichnete sich in der Optik durch die neuen Rückleuchten aus, die die gesamte Fahrzeughöhe einnahmen. Er wurde zum gleichen Preis wie die Limousine angeboten, was damals recht ungewohnt war. Damit leistete Volvo, die immer schon für ihre gut ausgestatteten und geräumigen Kombis beliebt waren, einen Beitrag dazu, den Kombi aus der Lieferwagenecke herauszuholen und als Familientransporter salonfähig zu machen. Für das letzte Modelljahr 1996 gab es noch eine Überraschung in Form des 850 T5 »R«, der mit einem 250 PS leistenden 2,3-Liter-Turbomotor mit Ladeluftkühler aufwartete. Damit waren 250 km/h drin. Dieses Modell wurde vorerst als auf 750 Exemplare limitierte Serie angeboten und war zuerst nur in den Farben gelb und schwarz erhältlich, später kam für den deutschen Markt die Farbe dunkelgrünmetallic dazu. Selbst der Kombi konnte als T5R bestellt werden.

Mit den 850er Modellen wurde auch erstmalig bei Volvo ein Pkw mit Allradantrieb eingeführt, er erhielt die Bezeichnung AWD. Eine weitere Neuheit war der 850 Bi-Fuel, der über den 2,5-Liter-Motor verfügte und neben dem 70 Liter Benzin- auch einen 80 Liter Gastank hatte.

Insgesamt war Volvo mit dem 850 Kombi Vorreiter in vielen Bereichen: Preisgleichheit zur Limousine, Allrad-Technik im zivilen Kombi, Bi-Fuel-Technik, Motorisierung im Spitzensegment mit dem T5R und schließlich die Teilnahme mit einem Kombi an der BTTC, der britischen Tourenwagen Meisterschaft.

Ab Dezember 1996 wurden die 850er mit leichten Detail- und Ausstattungsretuschen der neuen Fahrzeugbezeichnung angepasst. Aus der Limousine wurde der S70 und aus dem Kombi der V70. Über deren Entwicklung mehr im Kapitel zur Serie 70.

Eine weichere Linienführung, kombiniert mit dem typischen Volvo-Look zeichnet den neuen 850 aus.

Beim 850 Kombi wurden erstmals die Rückleuchten bis zum Dach hochgezogen, was Volvo bis heute beibehält. Viele andere Hersteller orientierten sich später daran.

Mit dem 850 T5R brachte Volvo eine extrem schnelle Variante heraus und machte auch wieder kräftige Farbtöne wie dieses Gelb populär.

Noch ein Novum: Volvo setzte einen Kombi bei Tourenwagenrennen ein und sorgte damit für viel Aufmerksamkeit.

Die Volvo 900er-Serie

Als Nachfolger für die Modellreihen 740 und 760 stellte Volvo im Sommer 1990 die Modelle 940 und 960 vor. Innerhalb von zwei Modelljahren wurden die Vorgänger sozusagen »sanft« ersetzt, wobei die kuriose Situation entstand, dass sogar deren Vorgänger-Generation in Form des Volvo 240 noch ein Jahr länger, bis zum Sommer 1993, gebaut wurde.

Das Design der 900er ähnelte stark demjenigen der Serie 700, allerdings hatte man die überaus kantige Karosserie nun ansprechend abgemildert, der dritten Seitenscheibe einen sanften Knick spendiert sowie dem Heck größere Rückleuchten verpasst. Natürlich wurde auch der Innenraum überarbeitet, doch die hintere Starrachse hatte sich in nochmals verfeinerter Form auch in das neue Modell gerettet. Vierrad-Scheibenbremsen, Servolenkung und ABS waren serienmäßig.

Zum Beginn der Serie standen in Deutschland für den 940er vier Motorisierungen zur Verfügung: Die hubraumstarken Vierzylinder mit entweder 130, 155 oder 165 PS aus jeweils 2,3 Litern sowie der VW-Turbodiesel-Sechszylinder mit nominell 122 PS, hierzulande wegen der Abgasvorschriften jedoch vorerst nur mit 109 PS.

Während für die Benziner das Automatikgetriebe von Aisin-Warner zugekauft wurde, stammte die Automatik für die Dieselmotoren von ZF. Beides waren Viergang-Aggregate.

Für den 960 wurde der bisherige Europa-V6 in Pension geschickt und ein nagelneuer Reihenmotor gemeinsam mit den Konstrukteuren von Porsche entwickelt, welcher gleich mit einem Automatikgetriebe kombiniert wurde. Letzteres bekam verschiedene Fahrmodi programmiert, bei denen zwischen Sport und Eco gewählt werden konnte. Zwei obenliegende Nockenwellen und ein sorgfältig gestalteter Vierventilkopf brachten die neue Antriebseinheit auf knapp über 204 PS, womit bis zu 213 km/h drin waren und von 0 auf 100 km/h laut Werksangabe nur 8,9 Sekunden verstrichen. Der Radstand war vom Vorgänger übernommen und die Länge wuchs auf 4,84 Meter. Damit war das Volvo-Flaggschiff nur sieben Zentimeter kürzer als ein zeitgleicher BMW der 7er-Reihe. Trotz der Größe des Wagens gelang es dem Hersteller, ihm den Volvo-typischen kleinen Wendekreis von unter 10 Metern zu ermöglichen.

Die Preise begannen für den 940er bei 40.900 DM und für den 960er bei 67.500 DM. Schon von Beginn an standen die viertürige Limousine sowie der fünftürige Kombi zur Wahl, und zwar in beiden Baureihen. Auf Wunsch konnten diese mit zwei Kindersitzen im Laderaum bestückt werden. Als Stauvolumen gab Volvo 602 bzw. 1702 Liter an.

Ab Modelljahr 1992 ist der 960 serienmäßig mit vier Airbags ausgerüstet. Das auch im 850 eingesetzte SIPS kombinierte den Seitenaufprallschutz mit Seitenairbags. Der Dieselmotor im 960 wird jetzt mit 115 statt 122 PS angegeben. Beim 940 bleibt es bei 122 PS. In Deutschland gab es den 940 auch als »Business Edition«, womit schön umschrieben wurde, dass es ein preiswerteres Modell war. Dieser Name wurde vom letzten 740er übernommen. Auf Basis des 940 wurde auch ein Sechstürer angeboten, der mit einem Radstand von 367 Millimetern und drei Sitzbänken als eine Art Großraumtaxi gedacht war.

Im Modelljahr 1993 gab es eine neue Basismotorisierung mit Zweiliter-Motor und 111 PS, die in Deutschland aber nicht zum Einsatz kam. Die Grundpreise lagen in Deutschland bei 45.990 DM für das Modell 940 GL 2.3 mit Schaltgetriebe bis 79.200 DM für den 960 Executive 3.0 mit Automatikgetriebe.

Dieses besondere Modell hatte einen um 15 Zentimeter verlängerten Radstand und auch eine entsprechend größere Gesamtlänge. Das dritte Seitenfenster entfiel und

Modell:	Volvo 940
Bauzeit:	1992 – 1998
Motor:	4 Zylinder in Reihe
Bohrung/Hub (mm):	96 x 80
Hubraum (cm³):	2316
Leistung (PS/kW-min.-1):	130(96)/5500
Verdichtung:	9,3:1
Ventilsteuerung:	OHC
Gemischaufbereitung:	Bosch LH-Jetronic
Getriebe:	4-Gang-Schaltgetriebe mit Overdrive
Bereifung:	185/70HR14
Bremsanlage:	Vier Scheibenbremsen
Radstand (mm):	2770
Länge x Breite x Höhe (mm):	4810 x 1750 x 1410
Karosserien:	4-türige Limousine
Anzahl der Sitze:	5
Leergewicht (kg):	ab 1400 kg
Höchstgeschwindigkeit:	190 km/h
Preis:	DM 39.950 (1992 Business Edition)
Weitere Getriebe:	4-Gang-Automatikgetriebe 5-Gang-Schaltgetriebe
Weitere Karosserien:	Kombi fünftürig
Weitere Motoren:	1,9 l, 2,3 l Turbo, Diesel 6-Zyl. 2,3 l Turbo

Modell:	Volvo 960
Bauzeit:	1991 – 1996
Motor:	6 Zylinder in Reihe
Bohrung/Hub (mm):	83 x 90
Hubraum (cm³):	2922
Leistung (PS/kW-min.-1):	204(150)/6000
Verdichtung:	10,7:1
Ventilsteuerung:	DOHC
Gemischaufbereitung:	Bosch Motronic Benzin-einspritzung
Getriebe:	4-Gang-Automatikgetriebe
Bereifung:	195/65VR15
Bremsanlage:	Vier Scheibenbremsen
Radstand (mm):	2770
Länge x Breite x Höhe (mm):	4870 x 1750 x 1410
Karosserien:	4-türige Limousine
Anzahl der Sitze:	5
Leergewicht (kg):	ab 1545 kg
Höchstgeschwindigkeit:	213 km/h
Preis:	DM 60.800 (1995)
Weitere Getriebe:	5-Gang-Schaltgetriebe
Weitere Karosserien:	Kombi fünftürig
Weitere Motoren:	2,4 l

Bauzeit aller 940 Viertürer:	1990 – 1998
Bauzeit aller 940 Fünftürer:	1990 – 1998
Bauzeit aller 960 Viertürer:	1990 – 1996
Bauzeit aller 960 Fünftürer:	1990 – 1996

wurde in nahtlosem Übergang zum Dach mit Blech verkleidet. Eine extra hochwertige Ausstattung gehörte natürlich dazu und der Executive kostete damit 9.500 DM mehr als die schon nicht spärlich ausstaffierte Normalausstattung. Der DOHC-Motor mit 2,3 Litern Hubraum und 165 PS entfiel.

In 1994 wurde für die teuren 960er-Modelle letztmals ein Dieselmotor vorgesehen. Den relativ schwachen Antrieb sah man wohl nicht mehr als adäquat für ein Oberklassemodell an. Auch der 190 PS starke Zweiliter-Turbo-Reihenvierzylinder mit Ladeluftkühlung fiel am Ende des Modelljahres dem Rotstift zum Opfer. Dafür bekam im 940 der Diesel für Deutschland endlich statt der mageren 109 auch die 122 PS Leistung verpasst. In Deutschland gab es für den 960 wieder eine besonders luxuriöse Ausstattungslinie namens »Prestige«, für die jedoch happige 9.000 DM Aufpreis verlangt wurden.

Als Nachfolger des ausgemusterten 190 PS-Zweiliters trat 1995 ein neuer 2,5-Liter-Reihensechszylinder mit 170 PS an. Dieser lief zwar weicher als der etwas raue Vierzylinder, doch das gebotene Drehmoment von 230 Nm, die erst bei 4400 Umdrehungen anfielen, war gegenüber der 280 Nm bei knapp 3000 Umdrehungen eigentlich kein Vergleich. Es wird sicher einige Kunden gegeben haben, die der Turbo-Maschine nachgetrauert haben. Der neue Motor konnte wahlweise mit Automatik oder einem

In der ersten Generation war die Karosserie des 940 fast identisch mit der 700er-Serie. Allerdings fiel das Heckfenster weniger steil aus.

Das Facelifting der späteren Modelle in Kombination mit einem gedeckten Farbton lässt diesen 960 besonders elegant wirken.

Fünfgang-Schaltgetriebe bestellt werden. Der 2,3-Liter ohne Turbo wurde zusätzlich in einer Variante mit 135 PS angeboten. Das Viergang-Schaltgetriebe mit Overdrive für die Grundausstattung kam nicht mehr zum Einsatz.
1996 entfielen die Motoren mit 111 PS und 130 PS. In der Optik wurden besonders die Frontpartie flacher gestaltet und die Blinkleuchten weiter um die Ecke gezogen. Sonst gab es nur minimale Änderungen. Am Ende der Baureihe wurde der 960 wie vorher schon die 800er Reihe umbenannt: aus der Limousine wurde der S90, aus dem Kombi der V90.
Die 940er wurden als Modell Polar mit zwei verschiedenen 2,3-Liter-Motoren, die je nach Ausrüstung 135 PS oder 165 PS leisteten, noch bis 1998 gebaut.

Auch der 940 Kombi zeigt wieder viel Ähnlichkeit mit seinem kleinen Bruder, dem 740.

Mit neuen Typbezeichnungen ins neue Jahrtausend

Als Volvo 1991 den 850 einführte, wurde mit dem Frontantrieb eine neue Generation eingeläutet, aber auch die Möglichkeiten der bisherigen Typenbezeichnungen ausgereizt. Da bisher jede neue Serie eine neue Hunderter-Nummer bekam, folgte in der Vergangenheit auf den 100er der 200er usw. Eine deutliche Positionierung der Modelle war damit nicht möglich und außerdem waren jetzt alle bis zur 900er-Serie belegt. Der nächste Fronttriebler, ein Nachfolger der 400er-Serie brauchte also einen neuen Namen. Bei Volvo sollten diese neuen Modelle die 4er-Serie werden, was zwar wenig kreativ, aber recht konsequent und naheliegend war. Bei Audi war man gerade in einer ähnlichen Situation, mit dem Markenschutz aber schon etwas weiter. So musste Volvo sich trotz bereits gedruckter Verkaufs- und Werbeunterlagen etwas Neues einfallen lassen und entschied sich für die 40er-Serie. Die geplanten Buchstaben zur Verdeutlichung der Fahrzeugart konnte man beibehalten: S für Sedan oder Stufenheck bezeichnet die Limousine mit vier Türen, V für Versatility oder Variabel bezeichnet den Kombi mit fünf Türen, C für Coupé, Cabriolet/Convertibel oder Compact bezeichnet die Zweitürer und XC für Cross Country ist dem Allradantrieb, insbesondere der Fahrzeugkategorie SUV zugedacht. So wurde die erste Serie der neuen Typbezeichnungen umgesetzt und die Modelle konnten an den Markt gehen. Es waren die neu entwickelten S40 und V40, die aus dem 850 entstandenen S70 und V70, ergänzt um den C70, und die vom 900 abgeleiteten S90 und V90. Damit war auch gleich eine Abstufung in Basis-, Mittel-, und Ober-Klasse erreicht.

In der ersten Serie waren mit S90 und V90 noch zwei Hecktriebler dabei, die möglichst bald durch neue Modelle mit Frontantrieb ersetzt werden sollten. So wurde bei der zweiten Serie der Typbezeichnungen einer verfeinerten Logik gefolgt und auch die Zehnerziffer einem Modelltyp zugeordnet. Das bedeutete, die 40, 60 und 80 war für viertürige Limousinen mit Stufenheck vorgesehen und die 30, 50, 70 und 90 für Kombis bzw. generell Modelle mit großer Hecktür. Der neue Viertürer wurde also ein S80, der dazugehörige neue Kombi ein V70. Eine Ausnahme bildete wie auch schon immer in der Vergangenheit eine zeitlang das Coupé, das sich mit der Bezeichnung C70 noch an der ersten Serie orientierte.

Inzwischen hatte sich der Markt verändert und die etwas starre Volvo-Logik passte nicht mehr dazu. Mit der Wiederbelebung des Fließhecks bei vielen Herstellern und der Umsetzung bei Volvos 40er Serie war die Unterscheidung zwischen S und V nicht mehr so deutlich möglich. So entstand die dritte Serie der Typbezeichnungen, die bis heute Gültigkeit hat. Man entschied sich, wie schon in der ersten Serie, wieder die Zehnerziffer als Kenzeichen für die Positionierung des Fahrzeugs zu nehmen, in etwa wieder nach dem Motto »Basis-, Mittel-, und Ober-Klasse«, was sich als 40 – 60 – 90 wiederfindet. In allen Klassen kann es dann einen XC, einen S und einen V geben. Je nach Entwicklungsstand kann diese Nomenklatur durch ein neues Modell mit gleicher Typbezeichnung ersetzt und ergänzt werden. Damit hatte sich Volvo nun auch den »normalen« Modellposi-

Der 960 Kombi ist familientauglich und ein idealer Transporter für den Sport. Die hier angebrachte Dachreling entstammt dem Zubehörprogramm.

tionierungen angepasst, die die meisten anderen Hersteller häufig nutzten. Außerdem wurde eine Flexibilität erreicht, die auch für neue Entwicklungen die Möglichkeit einer deutlichen Bezeichnung bietet. Für die neuen, ausschließlich elektrisch angetriebenen Modelle, die ab 2023 angeboten werden, kam ein E in der Typbezeichnung hinzu. Es gibt also jetzt einen EC40, die SUVs EX30, EX40 und EX90. Als absolute Neuheit kommt ein EM90 hinzu, wobei das M für Multi-Purpose-Vehicle oder Minivan steht. Im Folgenden werden die Modelle nicht chronologisch, sondern nach der Typbezeichnung aufsteigend behandelt.

Die Volvo Serie 30

Ab der Übernahme durch Ford/USA im Jahre 1999 wurde mit Hochdruck an einem weiteren Ausbau der Fahrzeugpalette von Volvo gearbeitet. Besonders im auf dem Markt damals so erfolgreichen neuen Segment der kompakten Lifestyle-Fahrzeuge fehlte ein Modell, zumal Volvo bei Ford zur PAG – Premium Automotive Group – gerechnet wurde. So erblickte im Herbst 2006 der nagelneue Volvo C30 das Licht der Autowelt.

Mit einem Radstand von 2,64 Metern und einer Außenlänge von 4,25 Metern konkurrierte der Neue direkt mit den Bestsellern VW Golf, Audi A3, Mini und Fiat 500. Selbstredend, dass das nicht ganz leicht war, da dem C30 ein entsprechendes klassisches Vorbild fehlte. Deshalb sollte unter anderem die gläserne Hecktür an so exklusive Volvos wie den P1800 ES erinnern und damit auch das C in der Typbezeichnung rechtfertigen, das ja ursprünglich für Coupe stand, hier aber auch Compact bedeuten konnte. Um das angestrebte Lifestyle-Segment erfolgreich zu belegen, fehlte es dem C30 während der gesamten Laufzeit auch an Varianten, etwa als Viertürer. Damit wäre er aber schwierig von der 40er Serie abzugrenzen gewesen und so erreichte der C30 eine für ein Volvo-Modell recht geringe Bauzeit von nur sieben Jahren.

Das Motorenangebot war von Anfang an sehr vielfältig. Neben fünf Benzinmotoren standen auch drei Dieselantriebe und ein Bio-Ethanol-Triebwerk (Flexi-Fuel) zur Wahl. Die Leistungsangaben reichten von 100 bis 220 PS beim C30 T5. Frontantrieb und quer eingebaute Maschinen waren in dieser Fahrzeugklasse Standard. Die drei stärksten Antriebe waren Fünfzylinder, alle anderen hatten dagegen vier Zylinder. Nur der stärkste Benziner besaß einen Turbolader, während alle Diesel nicht ohne diesen geliefert wurden und allesamt Common-Rail-Technik verwendeten. Alle Motoren waren komplett aus einer Aluminiumlegierung gegossen und die Nockenwellen wurden per Kette, bzw. beim T5 per Zahnriemen angetrieben.

Die Karosserie war selbstverständlich selbsttragend, doch war zwecks Entkoppelung der Antriebseinflüsse vorn ein Hilfsrahmen vorgesehen worden. Federbeine und Dreieckquerlenker waren aktueller Stand. Die hinteren Räder waren einzeln aufgehängt und Volvo sprach von einer »Mehrlenkerachse«. Ungewöhnlich in dieser Fahrzeugklasse, aber bei Volvo schon seit Langem selbstverständlich, waren die serienmäßigen vier Scheibenbremsen sowie die großen Hubräume der Top-Versionen bei Benzinern und den Dieseln.

Trotz der komplett neuen Karosserie hat es Volvo verstanden, dem C30 eine deutliche Familienähnlichkeit mitzugeben. Der Kühlergrill wurde etwa zehn Zentimeter vorgerückt und das Auto zeigte außer im Kühlergrill praktisch keinen Chromzierrat mehr. Die Rückleuchten waren einerseits wie bei den Kombi-Modellen hochgezogen, zum anderen war ihr unterer Bereich breit ausgelegt, was wiederum an den P 1800 ES erinnerte.

Einstiegsmodell war der 1,6-Liter mit 100 PS, der bereits eine Geschwindigkeit von 185 km/h erreichte. Darüber standen mit 1,8 Litern und 125 PS der Flexifuel-Antrieb und ein Zweiliter mit 145 PS. Die Fünfzylinder-Maschinen konnten wahlweise mit einer Fünf-Stufen-Automatik bestellt werden und der 220 PS starke T5 bekam serienmäßig sogar ein Sechsgang-Schaltgetriebe spendiert.

Modellpflegemaßnahmen umfassten für 2008 den um 10 PS stärkeren Topbenziner und für 2009 die verbrauchsoptimierten, jedoch in der Leistung gleich gebliebenen Dieselmotoren. Für diese im Verbrauch günstigsten Modelle verwendete Volvo die Bezeichnung »DRIVe«.

Für 2011 stand ein Facelifting an, welches wieder etwas Chrom und ein wesentlich ansprechenderes neues Frontstyling zeigte. Außerdem brachte Volvo zwei neue Zwei-

Als kompaktes Lifestyle-Fahrzeug trat der C30 an.

liter-Fünfzylinder-Diesel mit 150 bzw. 177 PS Leistung, welche die bisherigen 2,4-Liter und den Flexifuel ersetzten. Ebenso ausgemustert wurden der Einstiegsdiesel mit 109 PS sowie der 170 PS starke Benziner.

Modell:	**Volvo C30**
Bauzeit:	**2007–2013**
Motor:	**4 Zylinder in Reihe**
Bohrung/Hub (mm):	**79 x 81,4**
Hubraum (cm³):	**1596**
Leistung (PS/kW-min.-1):	**100(74)/6000**
Verdichtung:	**11,0:1**
Ventilsteuerung:	**DOHC**
Gemischaufbereitung:	**Elektronische Benzineinspritzung**
Getriebe:	**5-Gang-Schaltgetriebe**
Bereifung:	**195/65HR15**
Bremsanlage:	**Vier Scheibenbremsen**
Radstand (mm):	**2640**
Länge x Breite x Höhe (mm):	**4250 x 1780 x 1450**
Karosserien:	**3-türige Schrägheck-Limousine**
Anzahl der Sitze:	**4**
Leergewicht (kg):	**ab 1205 kg**
Höchstgeschwindigkeit:	**185 km/h**
Preis:	**€ 19.100 (2007)**
Weitere Getriebe:	**5-Stufen-Automatik**
Weitere Motoren:	**4-Zylinder 2,0 l ; 5-Zylinder 2,6 l; 4-Zylinder 1,6 l Turbo Diesel; 5-Zylinder 2,0 l Turbo Diesel**
Weitere Varianten:	**Keine**

Für 2012 setzte Volvo zum ersten Mal auf einen reinen Elektroantrieb in Form des C30 Electric. Ein mit Bio-Ethanol betriebener 5 kW-Motor war nur an Bord, um die Heizung zu betreiben. Gefahren wurde immer mit dem 112 PS star-

Modell:	**Volvo C30 T5**
Bauzeit:	**2008–2013**
Motor:	**5 Zylinder in Reihe**
Bohrung/Hub (mm):	**83 x 93,2**
Hubraum (cm³):	**2521**
Leistung (PS/kW-min.-1):	**220(169)/5000**
Verdichtung:	**9,0:1**
Ventilsteuerung:	**DOHC**
Gemischaufbereitung:	**Elektronische Benzineinspritzung Turbolader, Ladeluftkühlung**
Getriebe:	**6-Gang-Schaltgetriebe**
Bereifung:	**205/55ZR16**
Bremsanlage:	**Vier Scheibenbremsen**
Radstand (mm):	**2640**
Länge x Breite x Höhe (mm):	**4250 x 1780 x 1450**
Karosserien:	**3-türige Schrägheck-Limousine**
Anzahl der Sitze:	**4**
Leergewicht (kg):	**ab 1350 kg**
Höchstgeschwindigkeit:	**240 km/h**
Preis:	**€ 29.250 (2008)**
Weitere Getriebe:	**5-Gang-Automatikgetriebe**
Weitere Motoren:	**Keine**
Weitere Varianten:	**Keine**

Bauzeit des C30: 2006 – 2013

ken Elektromotor, dessen Batterie per Kabel geladen wurde. Als Höchstgeschwindigkeit wurden 130 km/h angegeben. Das Getriebe hatte nur einen einzigen Gang. Das Drehmoment, das schon beim Anfahren voll wirkte, betrug 230 Nm. Von diesem Modell wurden allerdings nur 250 Stück gefertigt und ausgewählten Personen zur Verfügung gestellt. Man konnte es nicht kaufen. Nach einer dreijährigen Testphase gingen alle 250 Fahrzeuge zurück ins Werk. Nach Ende des Modelljahres 2013 ging der C30 in der neuen Baureihe S40 auf.

Die Grundform blieb beim C30 immer gleich, mit optischem Tuning wurde er aber auch individuell gestaltet.

Wie schon der 850 fuhr auch der C30 bei Tourenwagen-Meisterschaften mit, hier 2011 in Suzuka und erstmals mit dem Zusatz »Polestar« im Namen des schwedischen Rennteams.

Die Volvo Serie 40/50

Mitte der 90er-Jahre wurde aus den bisherigen 400er-Modellen die Serie 40 geschaffen. Insgesamt drei Generationen gab es bislang von den »Vierzigern«. Die erste wurde in den Modelljahren 1995 bis 2003 gebaut, die zweite umfasst die Modelljahre 2004 bis 2012 und die dritte kam im Frühjahr 2012 auf die Welt und wurde bis 2019 angeboten. Die Einstufung in die untere Mittelklasse mit dem Kürzel 40 lebt seit 2017 bei den SUVs und seit 2021 bei den vollelektrischen Modellen weiter (siehe dort).

Generation I

Auf der IAA in Frankfurt im September 1995 standen die Limousine S40 und der Kombi V40 zum Modelljahr 1996 parat. Dieses Modell bewahrte zwar Styling-Eigenheiten von Volvo, kam aber doch erfrischend modern daher. Des Rätsels Lösung hieß Mitsubishi. Der Joint Venture mit dem japanischen Hersteller und dem niederländischen Staat trug erste Früchte. Der schon im Januar 1995 erschienene Mitsubishi Carisma stand auf derselben Bodengruppe und steuerte auch einige Karosseriekomponenten bei. Beide Modelle wurden auf der gleichen Produktionslinie gefertigt. Trotzdem gelang es Volvo, ein drittes Seitenfenster in die Karosserie zu integrieren und ein insgesamt eigenständiges Fahrzeug zu schaffen. Dessen glattflächige Außenhaut in aktuellen Farben war durchaus attraktiv, und der Innenraum war überraschend großzügig geworden.
Zu Beginn der Modellreihe standen zwei Benziner und ein Vorkammer-Turbo-Diesel zur Wahl. Bei den Benzinern prägten moderne Vierventilmotoren mit zwei obenliegenden Nockenwellen den technischen Auftritt. Das Fünfgang-Schaltgetriebe war extrem lang übersetzt, so dass die Höchstgeschwindigkeit von 195 km/h nur im vierten Gang erreicht wurde. Der fünfte war als reiner Schongang ausgelegt. Zur Wahl stand auch ein Viergang-Automatik-Getriebe mit klassischem Drehmomentwandler. Besser konnte es der stärkere Zweiliter mit 137 PS, der schon 210 km/h erreichte, was für eine gelungene Aerodynamik sprach. Dem Diesel wurde die Automatik jedoch vorenthalten. Auch die Sicherheitseinrichtungen entsprachen den Erwartungen der Volvo-Kundschaft. Damit war der Neue ein ernst zu nehmender Konkurrent in seiner Klasse. Mit einer Länge von 4,50 Metern stand der S40 in der Mitte zwischen den VW-Modellen Vento und Passat. Preislich begann die Modellreihe bei 36.300 DM und war damit nur geringfügig preiswerter als der Passat mit vergleichbarer Motorisierung, aber immerhin fast 6.000 DM teurer als das Einstiegmodell Volvo 440.
Der Kombi steigerte seinen optischen Anspruch noch durch die schwarze Blende unterhalb der Heckscheibe, die ausnehmend gut zum Gesamtbild passte. Volvo schickte sich an, sein kantiges Image aufzugeben.
Im Modelljahr 1997 wurde ein neuer Basismotor ins Angebot aufgenommen, der mit auf 1,6 Liter reduziertem Hubraum immerhin noch 105 PS leistete. Gleichzeitig wurde die Leistung des Zweiliters nun mit 140 PS angegeben.
Ein Jahr später, 1998, ändert Volvo wieder die Leistungsangaben geringfügig. Neuheit in diesem Jahr ist der bislang stärkste Motor, ein Zweiliter-Turbobenziner mit – je nach Markt – 160 bis 165 PS und in der Topausführung sogar 200 PS Leistung. Damit sind bis zu 235 km/h möglich. Für einen so kompakten Volvo ein absolutes Novum. Die beiden Turbomotoren waren erstaunlicherweise unterschiedlich ausgelegt, denn beim stärksten Motor wurde sogar der Hubraum auf unter 1,9 Liter zurückgenommen, doch mit einem sorgsam abgestimmten Ladeluftkühler und einem Lader mit höherem Druck konnte diese hohe Leistung realisiert werden.

Der 1,9-Liter mit DOHC-Technik und 125 PS stammte ebenso wie der Diesel direkt von Mitsubishi und ist ein gutes Beispiel für einen sogenannten Synergieeffekt. Auch die anderen Maschinen waren mehr oder weniger abgewandelte Mitsubishi-Aggregate.

Volvo begann nun, die verschiedenen Leistungsstufen mit Codes zu versehen. Die Turbobenziner bekamen Kürzel von T2 bis T6 und die Dieselversionen solche von D2 bis später D8. 1998 gab es den erwähnten Turbobenziner mit 200 PS als T4.

Das Modelljahr 1999 brachte einen sanft erstarkten Dieselmotor, für den jetzt 95 PS angegeben wurden, sowie weitere Anpassungen in den Leistungsangaben.

Volvo gehörte nun zum amerikanischen Ford-Konzern. Zusammen mit Aston-Martin und Jaguar bildete Volvo die sogenannte »PAG«, die »Premium Automotive Group« innerhalb der Ford-Marken. Etwas Verwirrung verursacht die Tatsache, dass Volvo 1999 und 2000 im Hubraum sehr eng abgestufte Motoren im Programm hatte. Die Stufen lagen mit 1587, 1731, 1783, 1834, 1855 und 1948 cm³ unverständlich nah beieinander. Der für 1999 neue Benzin-Direkteinspritzer (1783 cm³) hatte im Gegensatz zu den anderen Motoren eine reduzierte Bohrung von 81 statt 83 mm, die auch für den schwächsten Motor (1587 cm³) und den 200 PS-Turbo verwendet wurde (1855 cm³). Die Saugrohreinspritzer ohne Turbo (1731 und 1948 cm³) vervollständigten das Bild. Für 2000 ersetzte der größere 1,8-Liter (1783 cm³) den Motor mit 1731 cm³. Die Dieselmotoren waren schon vom Beginn der Baureihe an Direkteinspritzer gewesen.

Wichtigste Neuerscheinung für 2001 war die Umstellung der Dieselmotoren auf moderne Common-Rail-Technik. Auch diese in zwei Leistungsstufen (102 und 115 PS) produzierten Motoren stammten wieder von Mitsubishi. Durch eine kleinere Modellpflege und leichte optische Retuschen wuchs die Außenlänge um vier Zentimeter.

Modell:	Volvo S40
Bauzeit:	1995–2003 (Generation I)
Motor:	4 Zylinder in Reihe
Bohrung/Hub (mm):	83 x 80, ab 2000: 83 x 82,4
Hubraum (cm³):	1587, ab 2000: 1948
Leistung (PS/kW-min.-1):	116(85)/5500, ab 2000: 122 PS
Verdichtung:	10,0 bis 10,5:1
Ventilsteuerung:	DOHC
Gemischaufbereitung:	Siemens Benzineinspritzung
Getriebe:	5-Gang-Schaltgetriebe
Bereifung:	195/55HR15
Bremsanlage:	Vier Scheibenbremsen
Radstand (mm):	2550
Länge x Breite x Höhe (mm):	4480 x 1720 x 1390
Karosserien:	4-türige Limousine
Anzahl der Sitze:	5
Leergewicht (kg):	ab 1200 kg
Höchstgeschwindigkeit:	195 km/h
Preis:	DM 36.300 (1996)
Weitere Getriebe:	4-Gang-Automatik
Weitere Motoren:	4-Zylinder 1,8 l Turbo Diesel
Weitere Varianten:	Kombi V40

Modell:	Volvo S40 T4
Bauzeit:	1998–2003 (Generation I)
Motor:	4 Zylinder in Reihe
Bohrung/Hub (mm):	81 x 90
Hubraum (cm³):	1855
Leistung (PS/kW-min.-1):	200(147)/5500
Verdichtung:	8,5:1
Ventilsteuerung:	DOHC
Gemischaufbereitung:	Benzineinspritzung, Turbo und LLK
Getriebe:	5-Gang-Schaltgetriebe
Bereifung:	205/55VR15
Bremsanlage:	Vier Scheibenbremsen
Radstand (mm):	2550
Länge x Breite x Höhe (mm):	4480 x 1720 x 1390
Karosserien:	4-türige Limousine
Anzahl der Sitze:	5
Leergewicht (kg):	ab 1225 kg
Höchstgeschwindigkeit:	235 km/h
Preis:	DM 49.300 (1999)
Weitere Getriebe:	4-Gang-Automatik
Weitere Varianten:	Kombi V40

Mit dem S40 der ersten Generation war es Volvo gelungen, einen zeitlosen Kompaktwagen zu entwickeln, der alle Volvo-Sicherheitsstandards erfüllte.

Der Kombi V40 der ersten Generation passte gut ins Umfeld seiner Mitbewerber, bot aber bedeutend mehr Sicherheit und Komfort.

Im selben Jahr überschritt zum ersten Mal ein »kleiner« Volvo in der teuersten Ausführung T4 mit seinem Grundpreis die Marke von 50.000 Mark.
Für das letzte Modelljahr gab es nochmals kleinere Änderungen, die am leichtesten an der Vergrößerung der vorderen Blinkleuchten und der kompletten Heckleuchten zu erkennen waren.

Generation II

Mit einem völlig neuen Design wurde die zweite Generation der Limousine S40 im September 2003 auf der Frankfurter IAA vorgestellt.
Der Kombi hieß nun V50 und folgte damit der neuen Nomenklatur (wie schon vorher erwähnt). Volvo führte nun die quer eingebauten Fünfzylinder-Motoren auch bei seinem bislang kleinsten Modell ein und erweiterte so die Motorenpalette sowie das Leistungsangebot beträchtlich. Nachdem 2004 die letzten Volvos in den Niederlanden vom Band gelaufen waren, wurde auch technisch die Verwandtschaft mit Ford eingeläutet und die Vierzylindermotoren wurden nun vom neuen Partner Ford beigesteuert. Der 1,6-Liter stammte aus dem Focus I während der 1,8-Liter vom Mondeo II kam.
Der S40 behielt die Silhouette mit den drei Seitenscheiben, doch ein im hinteren Bereich wesentlich flacher auslaufendes Dach verbesserte die Aerodynamik ebenso wie die neue, nochmals geglättete Front mit dem etwas nach vorn gerückten Kühlergrill. Das Leistungsspektrum erstreckte sich von glatten 100 PS aus 1,6-Litern bis zum 220 PS leistenden 2,5-Liter Turbobenziner, der die 240 km/h-Marke knacken konnte. Einziger Diesel in den ersten beiden Modelljahren war der Zweiliter-Vierzylinder mit Vierventiltechnik und Common-Rail-Einspritzung, der 136 PS leistete. Während Ford keine Fünfzylinder anbot, durfte Volvo seine Eigenschöpfung behalten.
Der Radstand war gegenüber dem Vorgängermodell um neun Zentimeter gewachsen. Die Gesamtlänge blieb jedoch praktisch gleich. Das schuf mehr Platz im Innenraum, denn die Motoren waren noch weiter nach vorn gerückt. Die Heckleuchten designte Volvo mit dem auch heute noch charakteristischen Knick an der oberen Außenkante, der inzwischen von vielen anderen Herstellern nachgeahmt wurde. Der Kombi wies darüber hinaus noch die bis an die obere Heckscheibenkante hochgezogenen Leuchteneinheiten auf, die erstmals bei den 800er Kombis umgesetzt worden waren. Die Ladekante bei beiden Karosserievarianten war einige Zentimeter abgesenkt worden. Dem Styling geopfert wurde jedoch der Laderaum beim Kombi, der von 1420 auf nur noch 1307 Liter geschrumpft war.
Zurück zu den Motoren: Die neuen Ford-Vierzylinder glänzten mit zwei obenliegenden Nockenwellen und Vierventilköpfen. Ihre Bezeichnung: Ford Duratec. Mit diesem Namen sollte gleichzeitig Zuverlässigkeit und lange Lebensdauer suggeriert werden. Die Direkteinspritzung bei den Benzinern war wieder aufgegeben worden und kam erst bei der dritten Generation in wesentlich verbesserter Form erneut zum Einsatz. Die Ford-Motoren waren alle mit einer Kette für den Ventiltrieb ausgerüstet, während die Volvo-Maschinen nach wie vor dem Zahnriemen die Treue hielten.
Auch das Angebot an Zubehör war wieder gewachsen und mit den verfügbaren Reifendimensionen und Räderdesigns konnte Volvo jede Geschmacksrichtung bedienen. Grundausstattung waren jedoch die 195/65R15, wie sie auch andere Hersteller schon lange anboten.
Die Fünfzylinder gab es in drei Leistungsstufen, beginnend beim 2,4-Liter mit 140 oder 170 PS bis hin zur stärksten Maschine mit 220 PS, letztere mit Turbolader und Ladeluftkühlung (LLK). Neu war auch das Fünfstufen-Automatikgetriebe.
Der als T5 bezeichnete Turbo wies ein recht sportliches Verdichtungsverhältnis von 9:1 auf und mit diesem Motor konnten Limousine und Kombi wahlweise auch mit Allradantrieb bestellt werden; ebenfalls neu in dieser Klasse. Die handgeschaltete Limousine erledigte die 0–100 km/h in hervorragenden 6,8 Sekunden.
Das Modelljahr 2005 zeigte erwartungsgemäß nur minimale Änderungen, doch für 2006 sollte es vor allem um

zusätzliche Dieselmotoren gehen. Als Ergänzung am unteren Ende der Modellpalette fungierte ein 1,6-Liter von Ford mit 109 PS, der die Technik mit dem größeren Zweiliter teilte. Als stärkster Diesel kam neu hinzu ein 2,4-Liter-Fünfzylinder aus eigener Konstruktion, ebenfalls als Common-Rail-Turbo mit variabler Turbinengeometrie. Diese Technik half, die Schwäche von Turbomotoren im unteren Drehzahlbereich mit einem erhöhten Füllungsgrad auszugleichen. Mit 180 PS stand der Top-Diesel gut im Futter und brauchte sich auch nicht vor den deutschen Premiumherstellern zu verstecken.

Mehr Experimentalfahrzeug als dauerhaftes Angebot war der für 2007 neu eingeführte Volvo S40 Flexifuel, der wahlweise mit handelsüblichem Benzin oder aber mit Methanol E85 betrieben werden konnte. Basis war der 125 PS leistende 1,8-Liter-Sechzehnventiler, der jedoch keine Leistungseinbuße hinnehmen musste. Im April 2007 fand ein dezentes Facelift statt.

Das Modelljahr 2008 brachte Zuwachs im Bereich der Benzinmotoren.

Der Zweiliter-Vierzylinder von Ford mit 145 PS, der dort für Focus, C-Max, S-Max und Mondeo zur Verfügung stand, bereicherte ab sofort das Angebot der 40er Baureihe von Volvo. Der stärkste Benziner bekam noch eine Leistungsspritze von 10 PS spendiert und kam nun auf 230 PS.

Für 2009 optimierte Volvo den Wirkungsgrad des Dieselmotors mit seinem »DRIVe« genannten System. Am Ende des Modelljahres wurde der 125 PS-Motor ausgemustert. Damit gab es auch keinen Flexifuel-Motor mehr.

Im Sommer 2010 wurde stillschweigend der wahlweise Allradantrieb aus dem Programm gestrichen.

Im Modelljahr 2011 wurde die Palette der Dieselmotoren umgestellt. Der kleine 1,6-Liter erstarkte auf 115 PS, und der Zweiliter-Ford wurde durch eine Volvo-eigene Fünfzylinder-Konstruktion mit wahlweise 150 oder 177 PS ersetzt. Diese beiden Maschinen waren leistungsmäßig und technisch praktisch allen Konkurrenten ebenbürtig und zeigten im EG-Zyklus sehr geringe Verbrauchswerte von etwa fünf Litern auf 100 Kilometern. Alle drei Dieselmotoren hatten Ladeluftkühlung, Common-Rail-Direkteinspritzung und die variable Turbinengeometrie (VTG). Mit den 177 PS rannte der Volvo S40 bis zu 220 km/h schnell.

Die zweite Generation des S40/V50 wurde noch bis ins Frühjahr 2012 geliefert, die dritte Generation kam nicht, wie bei Volvo üblich, im Herbst zu den internationalen Ausstellungen, sondern dieses Mal in Genf im März.

Die zweite Generation des S40 erkennt man sofort an der geänderten Frontpartie und dem flacher abfallenden Heck.

Die zweite Generation des Kombi hieß V50 und hatte jetzt auch die hochgezogenen Rückleuchten des 850er Kombis.

Modell:	Volvo S40
Bauzeit:	2004–2012 (Generation II)
Motor:	4 Zylinder in Reihe
Bohrung/Hub (mm):	79 x 81,4
Hubraum (cm³):	1596
Leistung (PS/kW-min.-1):	100(74)/6000
Verdichtung:	11,0:1
Ventilsteuerung:	DOHC
Gemischaufbereitung:	Elektronische Benzineinspritzung
Getriebe:	5-Gang-Schaltgetriebe
Bereifung:	195/65HR15
Bremsanlage:	Vier Scheibenbremsen
Radstand (mm):	2640
Länge x Breite x Höhe (mm):	4470 x 1770 x 1450
Karosserien:	4-türige Limousine
Anzahl der Sitze:	5
Leergewicht (kg):	ab 1350 kg
Höchstgeschwindigkeit:	185 km/h
Preis:	€ 20.700 (2004)
Weitere Getriebe:	6-Gang-Schaltgetr., 5-Gang-Automatik
Weitere Motoren:	4-Zylinder 1,8 l, 5-Zylinder 2,4 l, oder 2.5 l, 4-Zyl. Turbo Diesel 2,0 l
Weitere Varianten:	Kombi V50

Generation III

Die dritte Generation der Serie 40 ersetzte gleichzeitig drei Modelle: den bisherigen S40 sowie den Kombi V50 und sogar den auslaufenden C30. In völliger Abkehr von der bisherigen Gestaltung als Kombi bzw. Stummelheck-Limousine überraschte der V40 mit einem Schrägheck á la Opel Astra und war ausschließlich viertürig erhältlich. Einen richtigen Kombi bot Volvo nicht mehr an. Wer so etwas wollte, musste zum V60 greifen.

Zwar war der Radstand nochmals auf beachtliche 2,76 Meter angewachsen, doch die Außenlänge ging auf nur noch 4,37 Meter zurück. Damit war er sogar noch etwas kürzer als der Opel.

Es gab vor allem neue Benzinmotoren, die erst kürzlich beim Vorgänger eingeführten Diesel hat Volvo jedoch komplett übernommen, so dass sich das Angebot bei den Selbstzündern nicht veränderte.

Nach einer Entwicklungspause stellte Volvo nun auf moderne Direkteinspritzer-Ottomotoren um. Im ersten Modelljahr wurden zwei 1,6-Liter angeboten, die wahlweise

150 (Code T3) oder 180 PS (Code T4) leisteten. Die Vierventil-DOHC-Maschinen kamen wieder mit Turbo und Ladeluftkühler und bekamen ein modernes Sechsgang-Schaltgetriebe spendiert. Wer Automatik fahren wollte, musste sich noch ein wenig gedulden.

Der bisher immer streng rechteckige Kühlergrill von Volvo wich nun einem Grill in flacher Schalenform, der immer freundlich zu lächeln scheint. Die Karosserie zeigt fast überall sanft zulaufende Lichtkanten und auf der Motorhaube deutliche Sicken. Die komplette Front stellt eine fast kraftvolle Erscheinung dar. Die Scheinwerfer sind länger in der Form und erscheinen dadurch auch flacher. Am Heck dominieren die auffälligen, stark pfeilförmigen Rückleuchten. Schon im Herbst 2012 schob Volvo für den 180 PS-Benziner ein Doppelkupplungsgetriebe mit sechs Gängen nach. Die stärkeren Motoren konnten mit Schalt- oder Wandler-Automatik-Getrieben bestellt werden. Den kleinen Diesel und den 150 PS-Benziner gab es nur als Schalter. Neu waren zwei weitere, bärenstarke Fünfzylinder-Benziner, die als Zweiliter mit 213 PS und als 2,5-Liter mit 245 PS antraten. Mit letzterem erreichte erstmals ein Volvo der Kompaktklasse eine Höchstgeschwindigkeit von 250 km/h und konnte den Sprint von 0 auf 100 km/h in 6,5 Sekunden abarbeiten.

Gleichzeitig erweckte Volvo auch den Allradantrieb wieder und bot den V40 auch als »Cross Country« an, der als 2WD oder 4WD bestellt werden konnte. Den Allradler gab es nur als T5 (bis 2016) und er konnte nur mit den Fünfzylindermotoren kombiniert werden.

Im Modelljahr 2013 gesellten sich noch zwei Fünfzylinder-Turbo-Benziner hinzu, mit 180 bzw. 213 PS. Letzterer konnte auch für den Cross Country mit Allradantrieb ge-

Die dritte Generation des V40 wurde komplett neu gestaltet und ließ die Unterscheidung Kombi oder Limousine verschwinden.

Modell:	Volvo V40 T3
Bauzeit:	2012–2019 (Generation III)
Motor:	4 Zylinder in Reihe
Bohrung/Hub (mm):	79 x 81,4
Hubraum (cm³):	1596
Leistung (PS/kW-min.-1):	152(110)/5700
Verdichtung:	10,0:1
Ventilsteuerung:	DOHC
Gemischaufbereitung:	Direkt-EFI, Turbo, Ladeluftkühlung
Getriebe:	6-Gang-Schaltgetriebe
Bereifung:	205/55VR16
Bremsanlage:	Vier Scheibenbremsen
Radstand (mm):	2650
Länge x Breite x Höhe (mm):	4370 x 1800 x 1445
Karosserien:	4-türige Schrägheck-Limousine
Anzahl der Sitze:	5
Leergewicht (kg):	ab 1350 kg
Höchstgeschwindigkeit:	210 km/h
Preis:	€ 24.680 (2014)
Weitere Getriebe:	6-Gang-Automatik
Weitere Motoren:	2 Leistungs-Varianten
Weitere Varianten:	Keine

Modell:	Volvo V40 D3 Diesel Common-Rail
Bauzeit:	2012–2019 (Generation III)
Motor:	5 Zylinder in Reihe
Bohrung/Hub (mm):	81 x 77
Hubraum (cm³):	1984
Leistung (PS/kW-min.-1):	150(110)/4000
Verdichtung:	16,5:1
Ventilsteuerung:	DOHC
Gemischaufbereitung:	Direkteinspritzung Turbolader VTG und LLK
Getriebe:	6-Gang-Schaltgetriebe
Bereifung:	195/65VR15
Bremsanlage:	Vier Scheibenbremsen
Radstand (mm):	2650
Länge x Breite x Höhe (mm):	4370 x 1800 x 1445
Karosserien:	4-türige Schrägheck-Limousine
Anzahl der Sitze:	5
Leergewicht (kg):	ab 1400 kg
Höchstgeschwindigkeit:	210 km/h
Preis:	€ 26.280 (2014)
Weitere Getriebe:	6-Gang-Automatik
Weitere Motoren:	2 Leistungs-Varianten
Weitere Varianten:	Keine

liefert werden. Im Jahr darauf stellte Volvo eine neue Basismotorisierung mit 120 PS vor (Code T2).

Volvo zeigte auch bei dieser Baureihe eine lange Konstanz und nur minimale äußerliche Änderungen flossen gelegentlich in die Serie ein. Für 2015 jedoch machte ein Achtgang-Automatik-Getriebe Furore, welches dem T5 vorbehalten war. Auch ein nochmals stärkerer Diesel mit jetzt 190 PS wurde vorgestellt (Code D4) und löste die 177 PS-Version ab. Er gehörte schon zur neuen Motorengeneration, bei der Volvo konsequent den Schritt vom Fünfzylinder zum kleineren und schwingungstechnisch besser beherrschbaren Vierzylinder ging. Ziel war es letztlich, durch sogenanntes Downsizing, alle Modelle mit maximal vier Zylindern auszustatten und durch entsprechende Aufladungskonzepte die Leistung und den Wirkungsgrad zu erhöhen. So verwunderte es nicht, dass auch die 150 PS-Version ab 2016 nur noch vier Zylinder aufwies. Gleichzeitig fand ein kleines Facelifting statt und Volvo ersetzte die bisherigen 1,6-Liter-Benziner durch praktisch gleichstarke Zweiliter. Dies schien das Konzept des Downsizings erst einmal zu konterkarieren, doch schon 2017 waren wiederum völlig neue Motoren lieferbar, die für die gleiche Leistung nur noch 1,5 Liter Hubraum brauchten. Den kleinsten Diesel hatte man schon im Sommer 2015 in Pension geschickt. Als Ersatz brachte Volvo für 2017 dann einen 120 PS-Diesel als Zweiliter-Motor.

Die Baureihe ging schließlich mit den 2019er-Modellen zu Ende. Die Preisspanne reichte zuletzt von 24.850 bis 41.790 Euro.

Bauzeit der 40er/50er Serie

Generation I	S40 4-Türer	1995–2004
	V40 Kombi	1995–2004
Generation II	S40 4-Türer	2003–2012
	V50 Kombi	2003–2012
Generation III	V40 4-Türer	2013–2019

Die Volvo Serie 60

Bei dieser Serie erschien der Kombi um eine ganze Generation zeitversetzt, so dass die erste Generation des V60 Kombi 2010 zeitgleich mit der zweiten Generation der Limousine S60 vorgestellt wurde. Da sich aber Design, Ausstattung und Technik bei beiden Karosserievarianten am gleichen Zeitraum orientieren, wurde im Nachfolgenden die Generations-Bezeichnung angepasst, der V60 beginnt also mit der Generation II.

Generation I

Als Volvo Ende der 1990er-Jahre ein neues Mittelklasse-Modell entwickelte, musste dies entsprechend der aktuell gültigen Nomenklatur ein S60 werden, also eine Limousine mit vier Türen.

So entstand als Nachfolger des bisherigen S70, der auf den 850 gefolgt war, ab 2001 der neue S60 als Vertreter der mittleren Baureihe. Mit einem Radstand von 2,72 Metern reihte er sich zwischen S40 (2,56 Meter) und dem etwas größeren S80 (2,79 Metern ein). In der Gesamtlänge stand er jedoch näher beim S40. Doch trotz des längeren Radstands war er 14 Zentimeter kürzer als sein Vorgänger geraten. Das wirkte sich natürlich auch auf das Kofferraumvolumen aus, denn es schrumpfte von 470 auf nur noch 425 Liter. Kleiner Trost: auch der S80 hatte nur 440 Liter zu bieten, doch der damals aktuelle S40 war allen mit seinen 471 Litern überlegen. Das Modell S60 stand damit in unmittelbarer Konkurrenz zur C-Klasse von Mercedes, zum A4 von Audi und zum Dreier-BMW. Wie es in den 60er-Jahren bei Volvo mal üblich gewesen war, wurde die Kombi-Variante zu den neuen S60 Modellen erst viel später, diesesmal sogar erst nach neun Jahren, angeboten.

Gegenüber seinem Vorgänger S70 bot der S60 ein komplett neues Design, das sich auch endgültig von den eckigen Modellen verabschiedete. Das dritte Seitenfenster,

Die erste Generation des S60 trat mit einem Fließheck und ohne das für die Volvo-Limousinen so typische dritte Seitenfenster an.

In der Rückansicht sind bei der ersten Generation die markanten, geschwungenen Rückleuchten ein weiteres Merkmal für einen Volvo aus dieser Epoche.

Modell:	**Volvo S60 Benziner**
Bauzeit:	**2001–2009 (Generation I)**
Motor:	**5 Zylinder in Reihe**
Bohrung/Hub (mm):	**83 x 90**
Hubraum (cm³):	**2435**
Leistung (PS/kW-min.-1):	**170(125)/6000**
Verdichtung:	**10,3:1**
Ventilsteuerung:	**DOHC**
Gemischaufbereitung:	**Elektronische Benzineinspritzung**
Getriebe:	**5-Gang-Schaltgetriebe**
Bereifung:	**195/65VR15 oder 205/55VR16**
Bremsanlage:	**Vier Scheibenbremsen**
Radstand (mm):	**2672**
Länge x Breite x Höhe (mm):	**4580 x 1800 x 1430**
Karosserien:	**4-türige Limousine**
Anzahl der Sitze:	**5**
Leergewicht (kg):	**ab 1440 kg**
Höchstgeschwindigkeit:	**225 km/h**
Preis:	**€ 28.670 (2004)**
Weitere Getriebe:	**5-Gang-Automatik**
Weitere Motoren:	**8 Varianten von 2,0 bis 2,5 l und von 140 bis 300 PS, Bi-Fuel mit 2,4 l und 140 PS**
Weitere Varianten:	**keine**

Modell:	**Volvo S60 Diesel Common-Rail**
Bauzeit:	**2002–2009 (Generation I)**
Motor:	**5 Zylinder in Reihe**
Bohrung/Hub (mm):	**81 x 93**
Hubraum (cm³):	**2401**
Leistung (PS/kW-min.-1):	**163(120)/4000**
Verdichtung:	**18,0:1**
Ventilsteuerung:	**DOHC**
Gemischaufbereitung:	**Dieseleinspritzung Turbolader mit variabler Geometrie**
Getriebe:	**5-Gang-Schaltgetriebe**
Bereifung:	**195/65VR15 oder 205/55VR16**
Bremsanlage:	**Vier Scheibenbremsen**
Radstand (mm):	**2672**
Länge x Breite x Höhe (mm):	**4580 x 1800 x 1430**
Karosserien:	**4-türige Limousine**
Anzahl der Sitze:	**5**
Leergewicht (kg):	**ab 1500 kg**
Höchstgeschwindigkeit:	**210 km/h**
Preis:	**€ 28.590 (2004)**
Weitere Getriebe:	**Keine**
Weitere Motoren:	**2,4 l mit 130 bis 185 PS**
Weitere Varianten:	**Keine**

das man bei Volvo seit 1971 kannte, entfiel, das Blechkleid war sehr glattflächig durchgestaltet und es nahm dem Zeitgeschmack entsprechend schon eher die Form eines Fließhecks anstatt einer Stufenhecklimousine an. Der Kühlergrill rückte, wie bei den anderen Modellen, etwas nach vorn. Der Einstieg nach hinten war durch die stark abfallende Fensterlinie etwas beschwerlicher als beim Vorgänger.

Während Volvo beim S40 nur Vierzylindermotoren anbot, wurde der S60 ausschließlich mit Fünfzylinderaggregaten geliefert. Auch beim S60 wurden die Triebwerke wieder quer eingebaut, um Platz zu sparen. Selbstredend hatte er ebenfalls Frontantrieb. Im ersten Modelljahr kamen nur Benzinmotoren zur Auslieferung, doch die Diesel ließen nicht lange auf sich warten. Zu Beginn der Modellreihe gab es fünf Benziner, alles Vierventil-Fünfzylinder mit Hubräumen zwischen 2,0 und 2,4 Liter, mit und ohne Turbolader. Das Leistungsspektrum erstreckte sich dabei von 140 bis 250 PS. Alle Maschinen, auch die späteren Diesel konnten wahlweise mit einem Fünfgang-Schaltgetriebe oder einer Fünfgang-Automatik bestellt werden.

Die für 2002 eingeführten Common-Rail-Diesel (mit Direkteinspritzung) hatte es beim Vorgänger nicht gegeben, deshalb die verzögerte Präsentation. Zwei Leistungsstufen der 2,4-Liter-Turbodiesel standen zur Wahl: 130 (später 126 PS) und 163 PS.

Eine wichtige Erweiterung des Angebots erschien in Form des S60 AWD, also einer allradgetriebenen Limousine, welche nur mit dem 200 PS-Motor gefertigt wurde. Dieser glänzte mit einer Haldex-Kupplung, die das Drehmoment elektronisch auf die Achsen verteilen konnte. Auf Wunsch wurde auch eine Traktionskontrolle geliefert. Nur logisch, dass dieses Modell immer mit der Automatik ausgerüstet war.

Für 2003 kamen zwei überaus leistungsfähige Benziner hinzu mit jetzt 2,5 Litern Hubraum und 210 bzw. 300 PS (Typ S60-R, einziges Modell mit Sechsgang-Schaltgetriebe). Ersterer löste die bisherige 200 PS-Variante ab und trieb ausschließlich die Allradvariante an.

Zum Modelljahr 2004 wurde der Hubraum des seitherigen 250 PS starken Benziners auf 2,4 Liter erhöht und daraus resultierte ein kleiner Leistungszuwachs um 10 PS auf 260 PS.

Ein Jahr später folgte eine Top-Motorisierung im Dieselbereich, die bei gleichem Hubraum nun 185 PS leistete und 230 km/h schnell war. Für 2007 spendierte Volvo seinem S60 ein mildes Facelift und am Ende des Modelljahres 2008 entfiel das R-Modell mit 300 PS ersatzlos. Verschiedene Ausführungen der ersten Generation des S60 wurden noch bis ins Frühjahr 2010 hinein montiert.

Generation II

In Genf waren zum ersten Mal die Modelle des S60 der zweiten Generation im März 2010 zum offiziellen Debüt ausgestellt. Bereits im Herbst 2010 ergänzte Volvo die Baureihe wieder durch eine Kombi-Variante »V60«, die genau zwischen den V40 und V70 passte.

Obwohl der Wagen in den Außenmaßen etwas größer wurde, enttäuschte die Limousine beim Kofferraumvolumen mit nur noch 340 Litern (Vorgänger 425 Liter). Doch Volvo meinte wohl, dass jemand, der viel Gepäckraum braucht, sowieso zum V60 greifen würde. Ein noch dynamischeres Styling war angesagt mit Stummelheck und gestreckter Linienführung, längeren Scheinwerfern, die weit in die Seite hineinragten, einem runder gewordenen Kühlergrill sowie Bumerang-ähnlichen Rückleuchten.

Auf der technischen Seite gab es nur noch bei den Dieseln Fünfzylinder-Aggregate. Die Benziner kamen entweder mit vier oder sechs Zylindern in Reihe zum Kunden. Bei letzteren wurde auch erstmalig eine Ausstattungsvariante mit »Polestar« bezeichnet, ein Name, der später für die Premiummarke von Volvo verwendet wurde (siehe entsprechendes Kapitel). Standard waren nun 16-Zoll-Räder, es standen jedoch auch größere bis 18 Zoll zur Auswahl.

Sehr häufig wurden die Motoren geändert bzw. neue eingeführt. Die Palette reichte bei den Benzinern für

Die zweite Generation des S60 erhielt eine komplett neu gestaltete Karosserie, bei der das Heck noch flacher gestaltet wurde. Hier ein Cross Country mit mehr Bodenfreiheit.

Von hinten zeigen bei der 3. Generation die neu gestalteten Rückleuchten bereits die zukünftigen Tendenzen an. Dieser S60 trägt wegen seiner besonderen Ausstattung den Zusatz «Polestar Engineered».

Die Rückleuchten reichen beim Kombi V60 in der zweiten Generation bis zum Dach und nehmen unten die geschwungene Form der Limousinen auf.

2011 vom T3 bis T5 (die Zahlen geben nicht die Zylinder, sondern die Leistungsstufen an) und bei den Dieseln vom D2 (ab Modell 2012) bis zum D5 (später auch noch bis zum D6). Natürlich gab es auch wieder 4WD-Varianten. Das Downsizing im Motorenbereich vollzog sich sehr ähnlich wie bei der Baureihe S40/V50.

Schon im Juni 2013 gab es ein Volvo-übliches, mildes Facelift, mit Retuschen an Front und Heck, welches bis 2018 aktuell blieb. Außerdem wurde in diesem Jahr erstmalig eine Diesel-Hybrid-Version angeboten, die als Plugin ausgeführt und nur im Kombi V60 erhältlich war. Neben dem Dieselmotor mit 215 PS, der die Vorderräder antrieb, kam ein 68 PS starker Elektromotor an der Hinterachse zum Einsatz, der mit 200 Nm somit einen Allradantrieb realisierte. Mit den damit erreichten 283 PS Systemleistung ließ sich ein Verbrauch von nur 1,8 Liter Diesel auf 100 Kilometer errechnen.

Für 2014 bot Volvo zwei praktisch gleich starke Top-Benziner an, die jeweils knapp über 300 PS leisteten. Der eine war der von Anfang an lieferbare Dreiliter-Sechszy-

Modell:	**Volvo S60 T6**
Bauzeit:	**2013–2016 (Generation II)**
Motor:	**6 Zylinder in Reihe**
Bohrung/Hub (mm):	**82 x 93,2**
Hubraum (cm³):	**2953**
Leistung (PS/kW-min.-1):	**304(224)/5600**
Verdichtung:	**193:1**
Ventilsteuerung:	**DOHC**
Gemischaufbereitung:	**Elektronische Benzineinspritzung Turbolader und Ladeluftkühlung**
Getriebe:	**6-Gang-Automatik mit Allradantrieb**
Bereifung:	**235/45ZR17**
Bremsanlage:	**Vier Scheibenbremsen**
Radstand (mm):	**2775**
Länge x Breite x Höhe (mm):	**4630 x 1865 x 1505**
Karosserien:	**4-türige Limousine**
Anzahl der Sitze:	**5**
Leergewicht (kg):	**ab 1640 kg**
Höchstgeschwindigkeit:	**250 km/h**
Preis:	**€ 48.500 (2016)**
Weitere Getriebe:	**Keine**
Weitere Motoren:	**1,05 bis 3,0 l mit 122 bis 367 PS, Diesel mit 1,6 bis 2,4 l und 114 bis 225 PS**
Weitere Varianten:	**Kombi V60 bis 2018**

linder und nun kam ein Vierzylinder mit nur zwei Litern Hubraum dazu, der den größeren Motor quasi beerbte. Ein modernes Achtgang-Automatikgetriebe half ebenfalls beim Kraftstoffsparen.

Der Dreiliter kam dann für 2015 in einer nochmals leistungsfähigeren Version mit 350 PS, ab 2017 sogar mit 367 PS. Doch nicht nur der Motor ragte hier heraus, auch die Sicherheitsausrüstung mit Kollisions-/Müdigkeits-/Querverkehrs-Erkennung, Rückfahrkamera und vielen weiteren Assistenten würzte dieses Topmodell. Es kostete aber auch 68.570 Euro und spielte damit preislich in derselben Liga wie der Porsche Boxster/Cayman mit 350 PS. Allerdings mußte er bis ins Modelljahr 2015 noch mit dem älteren Sechsgang-Automatik-Getriebe auskommen.

Generation III

Die dritte Generation des S60 wurde im Juni 2018 zusammen mit der Fabrikeröffnung in Charleston (South Carolina) in den neuen Werkshallen vorgestellt. Sie ist das erste Volvo-Modell, das hier in Charleston in den Vereinigten Staaten gebaut wird. Vom Design her wurde der S60 wieder etwas eckiger, was besonders an der Front auffällt. Der Kühlergrill steht senkrechter und die Scheinwerfer bekamen wegen ihrer ausgefallenen Form schnell den Spitznamen »Thors Hammer«. Die Seitenlinie zeichnet sich durch mehrere als Knick ausgebildete Linien aus und die Rückleuchten reichen jetzt mittig bis zum Nummerschild. Bei der Limousine ist auch das Fließheck noch deutlicher ausgeführt, es wird aber nach wie vor auf eine große Heckklappe verzichtet. Der Kombi V60 folgt im Design der Limousine und bietet entsprechend mehr Laderaum. Beide Modelle sind auf der SPA-Plattform (skalierbare Produktarchitektur) aufgebaut, wie sie bereits 2015 beim XC90 verwendet wurde.

In der Generation III ist der Diesel nur noch beim Kombi V60 erhältlich. Für beide Modelle, Limousine und Kombi, ist jedoch ein Plug-in-Hybrid im Angebot, der auf einem Vierzylinder Benziner beruht. Diese Variante gibt es nur mit Allradantrieb.

Der S60 präsentiert sich in der dritten Generation mit einer ganz neuen Optik, die trotzdem sofort einen Volvo erkennen lässt.

Modell:	Volvo S60 Plug-in-Hybrid
Bauzeit:	seit 2018 (Generation III)
Motor:	4 Zylinder in Reihe mit 303 PS plus AC, Synchron Parallel-Hybrid mit 87 PS
Bohrung/Hub (mm):	81 x 93,2
Hubraum (cm³):	1,6 l
Leistung (PS/kW-min.-1):	303(208)/4000 Systemleistung
Verdichtung:	16,5:1
Ventilsteuerung:	DOHC
Gemischaufbereitung:	Direkteinspritzung, Ladeluftkühlung, Turbolader mit variabler Geometrie
Getriebe:	8-Gang-Automatik mit Allradantrieb
Bereifung:	235/45ZR17
Bremsanlage:	Vier Scheibenbremsen
Radstand (mm):	2775
Länge x Breite x Höhe (mm):	4630 x 1865 x 1505
Karosserien:	4-türige Limousine
Anzahl der Sitze:	5
Leergewicht (kg):	ab 1955 kg
Höchstgeschwindigkeit:	230 km/h
Preis:	ab € 59.000
Weitere Getriebe:	Keine
Weitere Motoren:	seit 2019 mit 318 PS
Weitere Varianten:	Kombi V60

In 2019 wurde die Palette um den Cross Country erweitert, der mit dem Kürzel V60 AWD XC gekennzeichnet ist. Damit ist auch in diesem Segment der klassische Volvo-Allrad-Kombi vertreten, der sich durch die Kunststoffbeplankung und mehr Bodenfreiheit auszeichnet. Er bietet die Vorteile eines Allradantriebs auf unbefestigten Wegen und bei kritischen Fahrbahnverhältnissen, ohne die Dimension eines typischen SUV zu haben. Bei Marktstart wurde dieser V60 nur mit dem 190 PS Diesel angeboten.

In 2020 kamen die Mild-Hybrid Motoren B3, B4, B5, B5 AWD und B6 AWD dazu. Deren Leistung reichte von 163 bis 300 PS beim B6 AWD. Um die Mild-Hybrid-Versionen besser von den reinen Benzinern (bisher T) und den Dieseln (bisher D) zu unterscheiden, werden sie mit einem »B« gekennzeichnet, wodurch Diesel und Benziner künftig nicht mehr allein an der Modellbezeichnung zu erkennen sind. Diese Motorenvielfalt wurde bereits 2022 wieder reduziert und es blieben als Mild-Hybrid zwei Varianten über. Bei der Limousine S60 sind dies der B4 und B5, beim Kombi V60 erst der B3 und B4, aktuell nur noch der B4. Etwas ungewohnt war der Mild-Hybrid auf Diesel-Basis, der auch 2020 vorgestellt wurde, heute aber in der 60er-Serie nicht mehr im Angebot ist.

Bauzeit der 60er Serie

Generation I	S60 4-Türer	2001–2009
Generation II	S60 4-Türer	2010–2018
	V60 Kombi	2010–2018
Generation III	S60 4-Türer	seit 2018
	V60 Kombi	seit 2018
	Benziner	2018–2022
	Diesel	2018–2020
	Benzin-Hybrid	seit 2019
	Diesel-Hybrid	2020–2023

Angebotspalette Frühjahr 2024

S60	Recharge	T8
	Mild-Hybrid	B4 Benzin
		B5 Benzin
V60	Plug-in	T6
		T8
	Mild-Hybrid	B4 Benzin

Bereits 2021 wurden auch die vier verschiedenen Plug-in-Hybrid im neuen T8 Recharge zusammengefasst, der jetzt eine Systemleistung von 455 PS zur Verfügung stellte, ausgerüstet mit Allradantrieb und der Acht-gang-Geartronic. Er steht für beide Karosserie-Varianten zur Verfügung, wobei der Kombi auch noch mit dem T6 Recharge mit 398 PS Systemleistung im Angebot ist.

Im März 2022 hat Volvo den S60/V60 leicht aktualisiert. Die optischen Veränderungen beschränken sich auf die leicht überarbeiteten Einlässe an den vorderen Stoßfängern in glänzendem Schwarz und die neue Heckschürze mit versteckten Auspuffrohren. Neben dem viertürigen S60 wurden die gleichen Änderungen auch am V60-Kombi umgesetzt.

Auch der aktuelle V60 Kombi in der dritten Generation ist in seinem Auftritt unverkennbar ein Volvo mit seiner besonderen Gestaltung der Rückleuchten und Frontscheinwerfer.

MLB 060

Die Volvo Serie 70

Generation I

Die Serie 70 hat viele Facetten. Die Limousine S70 ist mehr oder weniger die Fortsetzung des Modells 850 unter anderem Namen und somit ein Übergangsmodell zwischen der Baureihe 850 und dem weiter vorn beschriebenen S60. Sie wurde nur vier Modelljahre lang gebaut. Die Karosserie hatte sie vom 850er geerbt und war an der Front und am Heck ein wenig weicher gezeichnet. Der Kombi V70 entstand gleichzeitig als Weiterführung des 850 Kombi. Zur Freude der Fans exklusiver Volvo-Modelle bot der Hersteller seit Herbst 1996 auch wieder ein Coupé an und ab Frühjahr 1998 stand sogar wieder ein Cabrio im Programm, die beide als C70 bezeichnet wurden. Das hatte es seit den Zeiten des Kunststoff-P1900ers von 1956/57 nicht mehr gegeben! Auch diese Zweitürer basierten auf der Plattform des ehemaligen 850ers. Es war erstaunlich, was für ansprechende Modelle so möglich waren. Beim C70 erinnerte praktisch nichts mehr außer der Front an die eher kantigen S70/V70. Selbst die Gestaltung des Heckbereichs war so gelungen, dass Coupé und Cabrio zwar als Volvo, doch als separate Modelle wahrgenommen wurden. An Radstand und Gesamtlänge hatte sich gegenüber dem S70 nichts geändert.

Ab Modelljahr 1998 gab es vom V70 noch eine höhergelegte und rustikalere Version mit Allradantrieb als V70XC AWD (Cross-Country). Sie war optisch an deutlich mehr Bodenfreiheit, einem rustikalen Kühlergrill und rundumlaufenden, mattschwarzen Stoßleisten zu erkennen.

Das Motorenangebot für die 70er Modelle war äußerst umfangreich, lässt sich aber ungefähr so zusammenfassen: Fünfzylinder Reihenmotoren mit 2,0 bis 2,4 Liter oder Fünfzylinder Turbo-Diesel mit 2,4 Liter. Um es noch verwirrender zu machen, gab es nicht jeden Motor mit jeder Karosserievariante. Insgesamt standen während der Bauzeit 16 verschiedene Benzin- und vier verschiedene Diesel-Motoren zur Verfügung.

Alle Antriebe waren quer eingebaute Fünfzylinder-Reihenmotoren, die die Vorderräder antrieben. Ausnahmen bildeten natürlich die Allradversionen. Im ersten Modelljahr galt Folgendes:

Alle Benziner über 170 PS waren Turbo-Motoren, alle Diesel sowieso. Allradantrieb gab es für 1997 ausschließlich mit zwei Antriebsaggregaten, dem 193 PS starken 2,4-Liter und dem 226 PS leistenden Zweiliter. Alle Maschinen, die mehr als 150 PS hatten, besaßen Vierventil-Zylinderköpfe.

Modell:	**Volvo Serie 70**
Bauzeit:	**1997 – 2000 (Generation I)**
Motor:	**5 Zylinder in Reihe**
Bohrung/Hub (mm):	**83 x 90**
Hubraum (cm³):	**2435**
Leistung (PS/kW-min.-1):	**170(125)/6100**
Verdichtung:	**10,3:1**
Ventilsteuerung:	**DOHC**
Gemischaufbereitung:	**Elektronische Benzineinspritzung**
Getriebe:	**5-Gang-Schaltgetriebe**
Bereifung:	**205/55VR15**
Bremsanlage:	**Vier Scheibenbremsen**
Radstand (mm):	**2660**
Länge x Breite x Höhe (mm):	**4720 x 1760 x 1400**
Karosserien:	**4-türige Limousine**
Anzahl der Sitze:	**5**
Leergewicht (kg):	**ab 1430 kg**
Höchstgeschwindigkeit:	**210 km/h**
Preis:	**DM 54.372 (2000)**
Weitere Getriebe:	**5-Gang-Automatik**
Weitere Motoren:	**16 Leistungs-Varianten**
Weitere Varianten:	**Kombi, Cabrio und Coupe bis 2006**

Ohne auf das Typenschild zu schauen ist die ersten Generation des S70 kaum vom Vorgänger 850 zu unterscheiden.

Der V70 der ersten Generation eröffnet in der Variante mit Allradantrieb ein neues Segment für Volvos Pkw.

Die Preise begannen bei 47.800 Mark für die Limousine S70 und reichten bis 69.800 Mark für das stärkste Coupé. An Getrieben standen zu Beginn der Modellreihe für alle Motoren entweder ein Fünfgang-Handschaltgetriebe oder eine Viergang-Automatik zur Verfügung. Die C70-Modelle mussten jedoch weiterhin mit dem automatischen Getriebe auskommen. Erst ab Modelljahr 2002 profitierten sie dann doch noch vom Fünfgang-Handschaltgetriebe.

Generation II

Zur Jahrtausendwende stellte Volvo die Baureihe 70 völlig um. Zum Ende des Jahres 2000 entfiel der S70. Sein unmittelbarer Nachfolger war die Baureihe S60, die sich die Plattform mit dem V70 teilte, der jetzt mit einer völlig neuen Karosserie erschien. Sein Design orientierte sich an dem bereits vor zwei Jahren erschienenen S80, wobei der Kombi V70 die neue Heckpartie geschickt mit den bis ans Dach reichenden Rückleuchten seines Vorgängers kombinierte. Mit dem neuen V70 wurde in der Werbung die Sportlichkeit besonders hervorgehoben. Von ihm gab es wieder die höhergelegte Allrad-Version, die zuerst die etwas umständliche Bezeichnung V70 XC AWD hatte, ab 2000 dann nur XC70 hieß. Damit war erstmalig die Buchstabenkombination XC als Modellreihe festgelegt, die später die selbständige Serie der SUV bezeichnen sollte. Der XC70 wurde bei Volvo nicht als SUV sondern als Kombi angesehen. Optische Unterscheidung zum normalen V70-Modell waren unter anderem die in mattschwarzem Kunststoff ausgeführten Stoßfänger, die mit dem Radhauskanten- und Schwellerschutz quasi verschmolzen und auch den gesamten Kühlergrill einrahmten. Die serienmäßige Dachreling und der silberfarbene Ölwannenschutzbügel unterhalb des vorderen Stoßfängers waren weitere wichtige Merkmale. Die Abmessungen waren bis auf die größere Bodenfreiheit gleich wie beim V70.

Natürlich gab es wieder ein verwirrendes Angebot an Motoren und Getriebe-Kombinationen. Volvo spendierte den neuen V70-Modellen ein Sechsgang-Schaltgetriebe, dessen oberster Gang als extremer Spargang ausgelegt war. Auch die Automatik hatte fortan sechs Gänge zu bieten und konnte damit noch besser auf alle Wünsche des Fahrers reagieren.

Neu waren auch wieder zwei verschiedene Sechszylinder-Reihenmotoren mit und ohne Turbolader. Der etwas kleinere Dreiliter hatte den Lader und kam damit auf 285 PS. Er war der Allradantriebsvariante vorbehalten. Der 3,2-Liter ohne Lader leistete 238 PS und wurde nur mit Frontantrieb geliefert. Jetzt erfolgte auch bei den Dieselmodellen die Umstellung auf Common-Rail-Technik (CRD), die es in zwei Leistungsstufen gab: 130 PS für den Motor ohne und 163 PS für den Motor mit variabler Turbinen-Geometrie (VTG) im Turbolader.

Im Jahr 2002 waren die Preise für das Einstiegsmodell auf 29.200 Euro für die preiswerteste Variante gestiegen. Das teuerste Cabrio kostete heftige 45.850 Euro, also fast 90.000 alte D-Mark.

Das Modelljahr 2003 begann mit einer neuen Topversion in Form des V70R, der mit seinem 2,5-Liter-Turbo satte 300 PS an alle vier Räder schickte und das erste Sechsgang-Schaltgetriebe bei Volvo einführte.

Zwar war die Höchstgeschwindigkeit bei 250 km/h abgeriegelt, doch den Spurt von 0 auf 100 km/h schaffte der schnelle Kombi in sagenhaften 5,9 Sekunden. Noch schneller verzögerten die vier innenbelüfteten Brembo-Scheibenbremsen wieder auf Null. Mit seiner Haldex-Kupplung und elektronischer Drehmomentverteilung stellte der V70R (auch im S60R) technisch einen Meilenstein für Volvo dar.

Ab Modelljahr 2003 entfiel das Coupé, Ende 2005 auch das Cabrio. Die beiden Modelle wurden für 2006 als ein einziges Modell mit Blechklappdach zusammengefasst, komplett neu aufgelegt und zwar auf Basis des neuen S40/V50. Die Maße für den kleineren C70 – den Namen behielt das Modell bei – lauteten 2,66 Meter Radstand und 4,72 Meter Gesamtlänge. Für Coupé und Cabrio hatte es bislang nie einen Dieselmotor gegeben. Diesem Umstand half Volvo ab dem Modelljahr 2008 ab und bestückte auf Wunsch das Cabrio mit einem D3-Diesel, also mit einem Zweiliter mit 136 PS, welcher 2011 durch eine stärkere Version mit 163 PS ersetzt wurde. Außerdem konnte die Kundschaft auch einen D4-Diesel mit 180 PS bestellen. Das Klappdachcabrio behielt die bisherigen Getriebe mit fünf Gängen bei, nur für die stärkeren Motorisierungen gab es auch ein Schaltgetriebe mit sechs Stufen. Dieses letzte Cabrio-Coupé wurde zum Ende des Modelljahres 2013 ersatzlos gestrichen.

Noch für 2006 kamen für den Kombi V70 ein 260 PS starker Benziner und ein 185 PS leistender Diesel ins Programm.

Modell:	**Volvo V70**
Bauzeit:	**2002–2006 (Generation II)**
Motor:	**5 Zylinder in Reihe**
Bohrung/Hub (mm):	**81 x 93**
Hubraum (cm³):	**2401**
Leistung (PS/kW-min.-1):	**163(120)/4000**
Verdichtung:	**18,0:1**
Ventilsteuerung:	**DOHC**
Gemischaufbereitung:	**Common-Rail-Diesel mit Turbo und LLK**
Getriebe:	**5-Gang-Schaltgetriebe**
Bereifung:	**205/55VR15**
Bremsanlage:	**Vier Scheibenbremsen**
Radstand (mm):	**2760**
Länge x Breite x Höhe (mm):	**4710 x 1800 x 1490**
Karosserien:	**5-türiger Kombi**
Anzahl der Sitze:	**5**
Leergewicht (kg):	**ab 1630 kg**
Höchstgeschwindigkeit:	**210 km/h**
Preis:	**€ 36.240 (2006)**
Weitere Getriebe:	**Keine**
Weitere Motoren:	**4 Leistungs-Varianten**
Weitere Varianten:	**Allradantrieb XC70**

Modell:	**Volvo C70 T5**
Bauzeit:	**2009–2013 (Generation II)**
Motor:	**5 Zylinder in Reihe**
Bohrung/Hub (mm):	**83 x 93,2**
Hubraum (cm³):	**2521**
Leistung (PS/kW-min.-1):	**230(169)/5000**
Verdichtung:	**9,0:1**
Ventilsteuerung:	**DOHC**
Gemischaufbereitung:	**Elektronische Benzineinspritzung**
Getriebe:	**5-Gang-Automatikgetriebe**
Bereifung:	**215/50R17 (W)**
Bremsanlage:	**Vier Scheibenbremsen**
Radstand (mm):	**2640**
Länge x Breite x Höhe (mm):	**4580 x 1820 x 1400**
Karosserien:	**2-türiges Cabrio/Coupe**
Anzahl der Sitze:	**4**
Leergewicht (kg):	**ab 1660 kg**
Höchstgeschwindigkeit:	**235 km/h**
Preis:	**€ 42.940 (2013)**
Weitere Getriebe:	**Keine**
Weitere Motoren:	**5 Benziner Leistungs-Varianten 4 Diesel Leistungs-Varianten**
Weitere Varianten:	**Allradantrieb XC70**

Der Cross Country bzw. XC hatte außer dem Allradantrieb auch mehr Bodenfreiheit und eine dunkle Kunststoffbeplankung an der Unterkante.

Der C70 war Volvos letzter eigenständiger Sportwagen, als Cabrio oder mit festem Dach als Coupé in der ersten Generation gebaut.

Generation III

Zehn Modelljahre lang (2007 bis 2016) wurde die dritte Generation der Serie V70 produziert. Er war das letzte Modell der 70er Serie und damit ein Auslaufmodell, das im Sommer 2016 aus den Preislisten verschwand. Mit einem Radstand von über 2,80 Metern geriet der V70 nochmals länger als der Vorgänger, den er mit 4,82 Metern um elf Zentimeter überragte. Das Design wurde noch mal überarbeitet, die Front erhielt größere Scheinwerfer, die mehr um die Seite gezogen wurden, und bei den Heckleuchten wurde es genau so gemacht. Dadurch wirkte der Wagen jetzt nicht mehr so breit, obwohl er sich vom Vorgänger nur um einen Zentimeter unterschied. Auch der XC70 erhielt das Facelifting, das bei ihm wiederum um die mattschwarzen Kunststoffteile ergänzt wurde.

Im ersten Modelljahr gab es ausschließlich Fünf- und Sechszylinder-Reihenmotoren. Erst ab 2010 kamen suk-

In der zweiten Generation wurde beim V70 die neue Volvo-Linie ungesetzt, die schon bei der Limousine vertreten war.

Die zweite Generation des C70 hatte das feste Cabriodach, das automatisch aufgeklappt werden konnte.

In der dritten Generation wurde der V70 mit weicheren Konturen sanft neu gestaltet.

Auch in der dritten Generation gab es eine Allrad-Version, die als XC70 eine eigenständige Baureihe bildete und Vorläufer der SUV war.

zessive auch Vierzylinder zum Einsatz. Die Ära des Downsizings hielt auch hier Einzug. Einzige Ausnahme bildete von 2008 bis 2010 der Zweiliter-Flexifuel-Motor, der für den Betrieb mit normalem Superkraftstoff und wahlweise auch mit Ethanol E85 ausgelegt war und als einziges Modell in der Baureihe mit einem Fünfgang-Schaltgetriebe auskommen musste.

Für 2009 hielt ein Doppelkupplungs-Getriebe (DKG) Einzug in die Serie, konnte aber nur mit dem D3-Motor kombiniert werden, beim V70 nur mit dem Flexifuel-Benzinmotor. Ab Modelljahr 2010 war das DKG auch für den 203-PS-Turbobenziner zu haben. Bei diesen Getrieben war damals jedoch das übertragbare Drehmoment noch begrenzt. Im selben Jahr kamen auch erstmals wieder Vierzylinder-Dieselmotoren ins Programm. Dazu kam noch ein Flexifuel-Modell mit 2,5-Liter-Fünfzylindermotor und 231 PS Leistung.

Im Modelljahr 2011 pushte Volvo seinen T5 auf glatte 240 PS, der damit 240 km/h schnell war. Der T6 erstarkte auf 304 PS, was 250 km/h ermöglichte. Offensichtlich hatte das Werk schlechte Erfahrungen mit den DKG-Getrieben gemacht, denn sang- und klanglos waren sie nach Ablauf des Modelljahres 2010 verschwunden.

Doch die technisch wichtigste Neuheit waren die beiden Turbobenziner, die erstmals in dieser Baureihe mit Direkteinspritzung ausgerüstet waren. Der mit 1,6 Litern bislang kleinste Motor (T4) im V70 brachte es auf sehr sportliche 180 PS, während die T5-Maschine 240 PS mobilisierte und auch 240 km/h erreichte. Für 2012 wurden die Dieselmotoren teilweise etwas kräftiger.

Das Modelljahr 2014 brachte ein weiteres Facelifting, mit dem Volvo das Design nachschärfte. Der Kühlergrill war wesentlich größer geworden und unterhalb des Stoßfängers war über die gesamte Breite der Front ein weiteres Gitter gezogen, das an den Enden in die Zusatzscheinwerfer mündete.

Dann gab es neu einen Zweiliter-Vierzylinder D4 mit 181 PS und nach vier Jahren Pause wieder den ebenfalls mit zwei Litern Hubraum, jedoch mit fünf Zylindern bestückten D3 mit 136 PS.

Zu nah am bereits 2010 neu aufgelegten V60 positioniert, ergab eine Weiterführung des V70 modellpolitisch keinen Sinn mehr. Zumal ab dem Modelljahr 2017 mit dem V90 ein nochmals geräumigerer Kombi debütierte. So endete diese überaus erfolgreiche Modellreihe im Sommer 2016.

Modell:	**Volvo V70 D5**
Bauzeit:	**2012–2016 (Generation III)**
Motor:	**5 Zylinder in Reihe**
Bohrung/Hub (mm):	**81 x 93,2**
Hubraum (cm³):	**2401**
Leistung (PS/kW-min.-1):	**215(148)/4000**
Verdichtung:	**16,5:1**
Ventilsteuerung:	**DOHC**
Gemischaufbereitung:	**Common-Rail-DI mit Turbo, VTG, LLK**
Getriebe:	**6-Gang-Schaltgetriebe**
Bereifung:	**215/50R17 (V)**
Bremsanlage:	**Vier Scheibenbremsen**
Radstand (mm):	**2815**
Länge x Breite x Höhe (mm):	**4825 x 1860 x 1545**
Karosserien:	**5-türiger Kombi**
Anzahl der Sitze:	**5**
Leergewicht (kg):	**ab 1630 kg**
Höchstgeschwindigkeit:	**225 km/h**
Preis:	**€ 43.440 (2015)**
Weitere Getriebe:	**6-Gang-Automatikgetriebe, FWD oder AWD**
Weitere Motoren:	**16 Benziner Leistungs-Varianten 17 Diesel Leistungs-Varianten**
Weitere Varianten:	**Allradantrieb XC70**

Bauzeit der 70er Serie

Generation I	**S70 4-Türer**	**1996–2000**
	V70 Kombi	**1996–2000**
	C70 Coupe/Cabrio	**1996–2005**
Generation II	**V70 Kombi**	**2000–2008**
	XC70 Allrad-Kombi	**2000–2007**
	C70 Coupe/Cabrio	**2005–2013**
Generation III	**V70 Kombi**	**2008–2016**
	XC70 Allrad-Kombi	**2007–2016**

Die Volvo Serie 80

Generation I

Mit dem S80 (nur als Limousine erhältlich) ersetzte Volvo für 1999 den bisherigen S90. Dessen Kombiversion V90 lief ersatzlos aus. Volvo verwies hier auf den kleineren V70. Debütiert hatte der S80 dabei bereits im Mai 1998.
Mit einem neuen, weniger kantigen Design fügte sich die neue Limousine nahtlos ins Programm ein. Das dritte Seitenfenster war schon wegen der Familienähnlichkeit beibehalten worden. Sein Design nahm viele Gestaltungselemente der Studie ECC (Environmental Concept Car) von 1992 auf und legte damit auch den Grundstock für alle kommenden Volvo Modelle, was sich besonders an der breiteren Heckpartie mit einem »Hüftknick«, den damit verbundenen großen Rückleuchten und an der Front mit einem immer eckiger werdenden und weiter nach vorne gezogenem Kühlergrill zeigte. Mit einer Länge von 4,82 Metern gehörte er zur Oberklasse und war damit praktisch gleich lang wie die E-Klasse von Mercedes sowie Audi A6 und BMW Fünfer.
Das Fahrwerk war mit zwei Hilfsrahmen, doppelten Dreiecksquerlenkern vorn und der Mehrlenkerachse hinten voll auf der Höhe der Zeit. Die vier Scheibenbremsen (vorn belüftet) verzögerten adäquat.
Es gelangten ausschließlich Fünf- und Sechszylindermotoren zum Einbau und zum Beginn der Baureihe standen sechs Benziner und ein Diesel zur Verfügung. Das Leistungsspektrum reichte vom 140 PS-Einstiegsbenziner über den gleichstarken Diesel bis zum kräftigen 2,8-Liter-Turbo-Benziner mit 272 PS mit Visco-Sperrdifferential.
Als Getriebe standen für alle Motoren Fünfgang-Schaltgetriebe zur Wahl, nur der stärkste Benziner hatte serienmäßig eine Viergang-Automatik, die es auch für den Diesel und die Zweiliter-Fünfzylinder sowie den 2,9-Liter-

Mit dem S80 begann 1998 die Neugestaltung der Volvo-Optik. Noch waren bei der ersten Generation viele typische Merkmale der Vorgänger präsent.

V6 gab. Nur für die 2,4-Liter-Fünfzylinder stellte Volvo einen moderneren Fünfgang-Automaten zur Verfügung. Etwas seltsam wirkte das Nebeneinander der Zweiliter und der 2,4-Liter-Benzinmotoren, wobei die hubraumstärkeren Maschinen ohne Turbolader auskommen mussten und daher auch die geringere Leistung aufwiesen. Diese Antriebe waren offenbar mehr auf Komfort ausgerichtet.
Im Modelljahr 2001 konnte der schwächste Benziner auch in einer Ausführung zum Betrieb mit Erdgas oder »Autogas« (Propan/Butan) bestellt werden. Außerdem gab es Änderungen in den Leistungsangaben von zwei Benzinmotoren. Der 163 PS-Turbo wurde auf 180 PS gesteigert, der 2,9-Liter-Sechszylinder mit bislang 204 PS büßte davon vier ein. Als Erweiterung gab es neu einen 2,4-Liter-Fünfzylinder mit Turbolader, der glatte 200 PS abgab und nur mit Schaltgetriebe zu haben war.
Der 2,9-Liter-Benziner musste im Modelljahr 2002 nochmals vier Pferdchen hergeben und bei den Dieseln löste ein neuer 2,4-Liter-Fünfzylinder den bisherigen 2,5-Liter ab. Ersteren bot Volvo nun in zwei Leistungsstufen mit 130 und 163 PS an.
Für alle Modelle standen 2003 ein Facelift und für den 2,4-Liter-Turbobenziner eine Leistungsspritze auf nun 210 PS an. Dieser konnte jetzt sogar mit Allradantrieb geliefert werden. Bis zum Ende der Modelllaufzeit gab es nur noch kleinere Änderungen, denn schon im März 2006 stand der Nachfolger auf der Automesse in Genf für das Modelljahr 2007 bereit.

Generation II

Die zweite Generation des S80 mit dem Modelljahr 2007 brachte wieder zahlreiche Neuerungen. Zwar führte sie die seitherige Gepflogenheit mit Fünf- und Sechszylindermotoren fort, doch schon bald gab es im

Modell:	Volvo S80
Bauzeit:	1999–2006 (Generation I)
Motor:	5 Zylinder in Reihe
Bohrung/Hub (mm):	83 x 90
Hubraum (cm³):	2435
Leistung (PS/kW-min.-1):	140(103)/5700
Verdichtung:	10,3:1
Ventilsteuerung:	DOHC
Gemischaufbereitung:	Elektronische Benzineinspritzung
Getriebe:	5-Gang-Schaltgetriebe
Bereifung:	205/65VR15
Bremsanlage:	Vier Scheibenbremsen
Radstand (mm):	2790
Länge x Breite x Höhe (mm):	4820 x 1830 x 1450
Karosserien:	4-türige Limousine
Anzahl der Sitze:	5
Leergewicht (kg):	ab 1495 kg
Höchstgeschwindigkeit:	205 km/h
Preis:	DM 54.600 (1999)
Weitere Getriebe:	4-Gang-Automatik
Weitere Motoren:	8 Leistungs-Varianten + 1 Bi-Fuel
Weitere Varianten:	Keine

Modell:	Volvo S80 Diesel
Bauzeit:	2002–2006 (Generation I)
Motor:	5 Zylinder in Reihe
Bohrung/Hub (mm):	81 x 93
Hubraum (cm³):	2401
Leistung (PS/kW-min.-1):	163(120)/4000
Verdichtung:	18,0:1
Ventilsteuerung:	DOHC
Gemischaufbereitung:	Common-Rail-DI mit Turbo-VTG und LLK
Getriebe:	5-Gang-Schaltgetriebe
Bereifung:	205/65VR15
Bremsanlage:	Vier Scheibenbremsen
Radstand (mm):	2790
Länge x Breite x Höhe (mm):	4820 x 1830 x 1450
Karosserien:	4-türige Limousine
Anzahl der Sitze:	5
Leergewicht (kg):	ab 1570 kg
Höchstgeschwindigkeit:	210 km/h
Preis:	€ 33.250 (2002)
Weitere Getriebe:	Keine
Weitere Motoren:	3 Leistungs-Varianten
Weitere Varianten:	Keine

Sinne des Downsizings zahlreiche neue Vierzylindermotoren.
Am Anfang standen drei Benziner und zwei Diesel (163 und 185 PS) zur Wahl. Der Benziner mit 200 PS war ein 2,5-Liter-Fünfzylinder, außerdem gab es einen 3,2-Liter-Reihensechszylinder mit 238 PS.
Als Krönung brachte Volvo 2006 erstmals einen V8 im Topmodell, der mit 315 PS die stärkste Serien-Limousine von Volvo wurde. Vorher seit 2004 war der V8 schon im ersten Volvo SUV, dem XC90 zum Einsatz gekommen. Aus 4,4 Litern resultierte ein Drehmoment von respektablen 440 Nm, das waren immerhin 50 Nm mehr als beim fast gleichstarken BMW Fünfer-V8 mit vier Litern Hubraum. Mit dem V8 im Pkw setzte Volvo endlich ein Thema um, an dem man schon in den 1950er-Jahren gearbeitet hatte. Damals entstand der Prototyp mit Namen Philip mit einem 3,6 Liter V8. Der Motor blieb jedoch vorerst den Lkw-Modellen vorbehalten.
Mit dem größeren Radstand sah der Neue gegenüber dem bisherigen Modell eher gestreckt aus, was auch die flach auslaufende Dachlinie unterstrich. Das dritte Seitenfenster verschwand und wurde quasi in die größeren hinteren Türen integriert. Alle Maße waren ein wenig gewachsen, und so bot der S80-II eine geräumige Fahrgastzelle, trotz des etwas engeren hinteren Einstiegs.
Der Kofferraum wuchs um 40 Liter, der Tankinhalt war gleich geblieben.
Endlich bot Volvo einheitlich Sechsgang-Getriebe an, für den Sechszylinder gab es die Möglichkeit, einen Allradantrieb zu ordern, beim V8 war dieser serienmäßig an Bord. Der Einstiegspreis für den V8 betrug etwa 58.000 Euro, doch durch höherwertigere Ausstattungsstufen konnte der Preis gewaltig ansteigen. So wurden für den S80 V8 in Executive-Ausführung 68.120 Euro verlangt. Zum Vergleich: Ein BMW 550i stand mit 62.700 Euro in der Liste.
2008 kam ein Zweiliter-Benzin-Motor hinzu, der als »Flexi-Fuel«-Triebwerk auch auf die Verwendung von E85-Sprit ausgelegt wurde. Mit 145 PS und nur mit einem Fünfgang-Schaltgetriebe lieferbar, stand er drei Modelljahre lang im Programm. Der V8 rollte ab sofort auf 245er-Reifen.
Im Modelljahr 2009 konnte der Flexifuel-Motor nun wahlweise mit einem Sechsgang-Doppelkupplungsgetriebe ausgerüstet werden. Der Top-Diesel leistete jetzt statt 185 PS zwanzig PS mehr. Erstmals gab es für den S80 auch einen Sechszylinder-Turbomotor, der mit leicht reduziertem Hubraum (drei Liter) 285 PS bot (T6).
Ein kleines Facelifting gab es 2010. Gleichzeitig standen wieder neue Motoren zur Verfügung. Um die entstandene Lücke zwischen den Dieselmotoren mit 163 und 205 PS zu füllen, stellte Volvo (nur für 2010) eine 175 PS-Version dazwischen. Außerdem gab es zwei Ergänzungen am unteren Ende der Palette, einen 136 PS-Fünfzylinder mit zwei Litern Hubraum sowie den ersten 1,6-Liter mit vier Zylindern und 109 PS.
Bei den Benzinern gab es mit einem 2,5-Liter-Turbo einen weiteren Motor, der E85 vertrug. Der bisherige 200 PS-Fünfzylinder mit 2,5 Litern wurde im Laufe des Modelljahres durch einen 203 PS starken Zweiliter-Fünfender ersetzt. Der stärkste Diesel konnte nun mit Allradantrieb kombiniert werden.
Auch zum Modelljahr 2011 gab es nochmals kleine Karosserie-Retuschen. Den bisherigen Vierzylinder-Flexifuel-Motor löste Volvo mit einem nur noch 1,6-Liter großen Turbobenziner (mit Direkteinspritzung) ab, der jedoch 180 PS leistete und wahlweise mit einem Sechsgang-Doppelkupplungsgetriebe ausgerüstet werden konnte. Neu war auch ein direkteinspritzender Zweiliter-Vierzylinder-Turbo mit 240 PS (Benziner). Die Sechszylindermaschinen wurden in der Leistung leicht angehoben. Der 175 PS-Diesel wurde wieder gestrichen.
Der im vergangenen Jahr herausgekommene T4-Motor wurde 2012 in einer E85-Version angeboten und zum Ende des Jahres strich Volvo den Zweiliter mit 203 PS aus dem Programm.
In 2013 gab es bei den Dieselaggregaten Neuerungen. Der kleinste Diesel erstarkte auf 115 PS und dem Zweiliter-Fünfzylinder mit 136 PS wurde eine 163 PS leistende Version zur Seite gestellt. Beim stärksten Diesel legte der

Hersteller noch eine Schippe drauf und er wurde nun mit 215 PS angegeben.

Das Modelljahr 2014 brachte ein Facelift mit deutlichen Änderungen an Front und Heck. Unterhalb des eigentlichen vorderen Stoßfängers war jetzt ein mit durchgängigen Lamellen gestalteter Lufteinlass zu sehen, der in die Zusatzscheinwerfer auslief. Das Heck war nun wesentlich deutlicher akzentuiert.

Es entfielen der letzte E85-Motor sowie der Dreiliter-Sechszylinder und der 163 PS-Diesel. Letzterer wurde durch den neuen Zweiliter-Vierzylinder-Diesel mit 181 PS (D4) ersetzt. Der Zweiliter-Turbo-Benziner bekam nochmals fünf Pferde spendiert und wurde ab sofort mit einer brandneuen Achtstufen-Automatik gekoppelt.

Für 2016 blieben nur noch zwei Motoren aus der großen Auswahl übrig, da schon der Nachfolger in Form eines wieder auferstandenen Volvo S90 in den Startlöchern stand. Einziger Benziner war der 245 PS-Zweiliter (T5) und einziger Diesel der 181 PS (D4)

Bauzeit der 80er Serie

Generation I	**S80 4-Türer**	**1998 – 2006**
Generation II	**S80 4-Türer**	**2006 – 2016**

Modell:	**Volvo S80**
Bauzeit:	**2011 – 2015 (Generation II)**
Motor:	**4 Zylinder in Reihe**
Bohrung/Hub (mm):	**79 x 81,4**
Hubraum (cm³):	**1595**
Leistung (PS/kW-min.-1):	**180(132)/5700**
Verdichtung:	**10,0:1**
Ventilsteuerung:	**DOHC**
Gemischaufbereitung:	**Benzin-Direkteinspritzung, Turbo, LLK**
Getriebe:	**6-Gang-Schaltgetriebe**
Bereifung:	**225/55R16 (V)**
Bremsanlage:	**Vier Scheibenbremsen**
Radstand (mm):	**2835**
Länge x Breite x Höhe (mm):	**4850 x 1860 x 1490**
Karosserien:	**4-türige Limousine**
Anzahl der Sitze:	**5**
Leergewicht (kg):	**ab 1470 kg**
Höchstgeschwindigkeit:	**220 km/h**
Preis:	**€ 32.880 (2011)**
Weitere Getriebe:	**6-Gang-Doppelkupplungsgetriebe**
Weitere Motoren:	**10 Leistungs-Varianten + 3 Flexifuel**
Weitere Varianten:	**Keine**

Modell:	Volvo S80 V8
Bauzeit:	2007–2010 (Generation II)
Motor:	V8 Zylinder
Bohrung/Hub (mm):	94 x 79,5
Hubraum (cm³):	4414
Leistung (PS/kW-min.-1):	315(232)/6000
Verdichtung:	10,4:1
Ventilsteuerung:	DOHC
Gemischaufbereitung:	Elektronische Benzineinspritzung
Getriebe:	6-Gang-Automatikgetriebe, AWD
Bereifung:	225/50ZR17
Bremsanlage:	Vier Scheibenbremsen
Radstand (mm):	2835
Länge x Breite x Höhe (mm):	4850 x 1860 x 1490
Karosserien:	4-türige Limousine
Anzahl der Sitze:	5
Leergewicht (kg):	ab 1740 kg
Höchstgeschwindigkeit:	250 km/h
Preis:	€ 57.450 (2007)
Weitere Getriebe:	Keine
Weitere Motoren:	Keine
Weitere Varianten:	Keine

Modell:	Volvo S80 D2
Bauzeit:	2013–2015 (Generation II)
Motor:	4 Zylinder in Reihe
Bohrung/Hub (mm):	75 x 88,3
Hubraum (cm³):	1560
Leistung (PS/kW-min.-1):	115(85)/3600
Verdichtung:	16,0:1
Ventilsteuerung:	DOHC
Gemischaufbereitung:	Common-Rail-DI mit Turbo-VTG und LLK
Getriebe:	6-Gang-Schaltgetriebe
Bereifung:	225/55R16 (H)
Bremsanlage:	Vier Scheibenbremsen
Radstand (mm):	2835
Länge x Breite x Höhe (mm):	4850 x 1860 x 1490
Karosserien:	4-türige Limousine
Anzahl der Sitze:	5
Leergewicht (kg):	ab 1470 kg
Höchstgeschwindigkeit:	190 km/h
Preis:	€ 33.600 (2013)
Weitere Getriebe:	6-Gang-Doppelkupplungsgetriebe
Weitere Motoren:	11 Leistungs-Varianten
Weitere Varianten:	Keine

In der zweiten Generation verschwand beim S80 das dritte Seitenfenster. Die Linie wurde noch weicher und gestreckter und orientierte sich sehr stark am Versuchsfahrzeug ECC.

Die Volvo Serie 90

Generation I

Volvo stellte in den Jahren 1996 und 1997 die Typenbezeichnungen seiner Modelle komplett um. So wurde ab November 1996 zur Einführung des Modelljahres 1997 die Baureihe 960 mit einigen kosmetischen Änderungen zur »neuen« Baureihe S90 und V90. Einziges Antriebsaggregat stellte der nun wieder auf fast drei Liter vergrößerte Reihensechszylindermotor dar, den es in zwei Leistungsstufen gab, mit 184 oder 204 PS. Beides waren zahnriemengetriebene Doppelnockenwellenmotoren aus Aluminium, mit einer elektronischen Bosch-Benzineinspritzung bestückt. Für beide Motoren gab es eine Viergang-Automatik, nur die schwächere Variante konnte wahlweise auch mit einem Fünfgang-Schaltgetriebe bestellt werden. Dieselmotoren waren bei diesem Topmodell nicht vorgesehen.

In sehr geringer Stückzahl stellte Volvo noch eine verlängerte Limousine her, die bei einem Radstand von 2,92 Metern auf eine Gesamtlänge von 5,02 Meter kam.

S90 und V90 waren im Grunde Zwischenmodelle auf dem Weg zur völlig neuen Limousine S80, die bereits im Mai 1998 vorgestellt wurde.

Als Nachfolger der 960er Modelle war der S90 nur kurz im Programm und kaum vom 960 zu unterscheiden.

Der V90 war im Prinzip die voll ausgestattete Variante des letzten 960 Kombi.

Modell:	**Volvo S90**
Bauzeit:	**1997 – 1998 (Generation I)**
Motor:	**6 Zylinder in Reihe**
Bohrung/Hub (mm):	**83 x 90**
Hubraum (cm³):	**2922**
Leistung (PS/kW-min.-1):	**204(150)/6000**
Verdichtung:	**10,7:1**
Ventilsteuerung:	**DOHC**
Gemischaufbereitung:	**Bosch Motronic Benzineinspritzung**
Getriebe:	**4-Gang-Automatikgetriebe**
Bereifung:	**195/65VR15 oder 205/55VR16**
Bremsanlage:	**Vier Scheibenbremsen**
Radstand (mm):	**2770**
LängexBreitexHöhe (mm):	**4870x1750x1410**
Karosserien:	**4-türige Limousine**
Anzahl der Sitze:	**5**
Leergewicht (kg):	**ab 1595 kg**
Höchstgeschwindigkeit:	**210 km/h**
Preis:	**DM 62.400 (1997), Kombi DM 63.900**
Weitere Getriebe:	**5-Gang Schaltgetriebe**
Weitere Karosserien:	**Kombi V 90**
Weitere Motoren:	**Ausführung mit 184 PS**

Generation II

Bis es zu einem neuen S90 kam, vergingen 18 Jahre. Solange war die gemäß der aktuellen Typologie S80 genannte Limousine das Top-Modell im Volvo-Angebot. Erst 2016 wurde als Upgrade die Limousine S90 vorgestellt, der ein Jahr später zum ersten Mal seit 1998 wieder ein Kombi als V90 zur Seite gestellt wurde. Beide Modelle stehen wie auch der S60 und V60 auf der SPA-Architektur. Für den chinesischen Markt gab es jetzt eine Langversion der Limousine, die für zwei Jahre, 2018 und 2019, auch im deutschen Markt angeboten wurde. Konsequent setzte Volvo nun ausschließlich auf hochaufgeladene Vierzylindermotoren, selbst die Topversion mit 407 PS (»T8«) hatte nur vier Brennräume, war jedoch als »Plug-In-Hybrid« (Parallelhybrid) mit einem zusätzlichen Elektromotor ausgerüstet, der enormes Anfahrdrehmoment brachte und damit den Turbolader und den Kompressor des Verbrenners perfekt unterstützte. Als weitere Triebwerke standen ein 320 PS-Benziner sowie zwei Diesel mit 190 und 235 PS zur Wahl. Alle außer dem schwächeren Diesel hatten serienmäßig eine Achtgang-Automatik an Bord. Der 190 PS-Diesel konnte nur mit einem Sechsgang-Handschaltgetriebe und Frontantrieb geliefert werden. Die Ausführungen mit Achtgang-Geartronic wurden beim Kombi wieder »Cross-Country« genannt und mit der schwarzen oder in Wagenfarbe lackierten Kunststoffbeplankung versehen. Für 2017 rundeten zwei weitere Maschinen die Palette nach unten ab: ein 254 PS-Benziner und ein 150 PS-Diesel kamen hinzu. Allradantrieb war entweder serienmäßig oder zumindest optional erhältlich. Nur die beiden schwächeren Diesel wurden wahlweise mit Sechsgang-Schaltgetriebe ausgerüstet, auf Wunsch bekamen sie eine ebenfalls sechs Fahrstufen bietende Automatik montiert.

Im Februar 2020 wurde die Baureihe dezent überarbeitet, was zu neuen Nebelscheinwerfern, Spoilern sowie einem neu gestalteten unteren Stoßfänger führte. Außerdem wurde bei Kombi und Limousine das Rückleuchtendesign verändert. Hier sind jetzt eine LED-Grafik sowie dynamische Blinkerbänder am Werk.

Unter der Haube hielt ein neuer Mildhybrid-Antriebsstrang Einzug. Dieser ist sowohl mit dem Zweiliter-Turbodiesel als auch mit dem Zweiliter-Turbobenziner gekoppelt und umfasst einen integrierten Startergenerator (ISG), ein 48-Volt-Bordnetz sowie ein System zur Bremsenergierückgewinnung. Die durch das ISG umgewandelte Energie speichern die Modelle in Akkus, die dann den Verbrenner beim Beschleunigen unterstützen. Für den Kraftschluss ist ein Shift-by-Wire-Achtgang-Automatikgetriebe verbaut.

Der B5 mit Benziner leistet 250 PS, während der Diesel-B5 auf 235 PS kommt. Mit dem B6 gibt es V90 und S90 dann noch als 310 PS starken Benziner. Allrad ist bei einigen Modellen optional.

Modell:	**Volvo S90 »T8« Hybrid**
Bauzeit:	**2016–2018 (Generation II)**
Motor:	**4 Zylinder in Reihe**
Bohrung/Hub (mm):	**82 x 93,2**
Hubraum (cm^3):	**1969**
Leistung (PS/kW-min.-1):	**320(235)/5700 Elektromotor: 99(65) Systemleistung 407(300)/5700**
Verdichtung:	**10,3:1**
Ventilsteuerung:	**DOHC**
Gemischaufbereitung:	**EFI mit Turbo, Kompressor und LLK**
Getriebe:	**8-Gang-Automatikgetriebe, AWD**
Bereifung:	**255/35R20 (W)**
Bremsanlage:	**Vier Scheibenbremsen**
Radstand (mm):	**2940**
Länge x Breite x Höhe (mm):	**4930 x 1880 x 1470**
Karosserien:	**5-türige Limousine**
Anzahl der Sitze:	**5**
Leergewicht (kg):	**ab 2030 kg**
Höchstgeschwindigkeit:	**250 km/h (abgeregelt)**
Preis:	**€ 72.800 (2018)**
Weitere Getriebe:	**Keine**
Weitere Motoren:	**»T5« mit 254 PS »T6« mit 320 PS**
Weitere Karosserien:	**Kombi V90**

Modell:	**Volvo S90 »D5«**
Bauzeit:	**2016–2018 (Generation II)**
Motor:	**4 Zylinder in Reihe**
Bohrung/Hub (mm):	**82 x 93,2**
Hubraum (cm^3):	**1969**
Leistung (PS/kW-min.-1):	**235(173)/4000**
Verdichtung:	**15,8:1**
Ventilsteuerung:	**DOHC**
Gemischaufbereitung:	**Diesel-DI, 2 Turbolader, LLK, VTG**
Getriebe:	**8-Gang-Automatikgetriebe, AWD**
Bereifung:	**255/35R20 (W)**
Bremsanlage:	**Vier Scheibenbremsen**
Radstand (mm):	**2940**
Länge x Breite x Höhe (mm):	**4930 x 1880 x 1470**
Karosserien:	**5-türige Limousine**
Anzahl der Sitze:	**5**
Leergewicht (kg):	**ab 1990 kg**
Höchstgeschwindigkeit:	**240 km/h**
Preis:	**€ 58.000 (2018)**
Weitere Getriebe:	**Keine**
Weitere Motoren:	**D3 mit 150 PS D4 mit 190 PS**
Weitere Karosserien:	**Kombi V90**

Bereits 2021 kamen zwei neue Plug-in-Hybride in die 90er Serie. Der Kombi war ab September mit einem T6 oder T8 als V90 Recharge AWD lieferbar, die Limousine S90 erhielt nur den T8.

Die zweite Generation des S90 hat alle Attribute der neuen Volvo-Linie – und auch wieder das dritte Seitenfenster.

Auch wenn viele Autos mittlerweile sehr ähnlich aussehen, den Volvo erkennt man immer sofort an seinen Rückleuchten. Hier der S90 der zweiten Generation.

Modell:	Volvo S90 Recharge AWD »T8«
Bauzeit:	seit 2021 (Generation II)
Motor:	4 Zylinder in Reihe
Bohrung/Hub (mm):	82 x 93,2
Hubraum (cm³):	1969
Leistung (PS/kW-min.-1):	310(228)/6000 Elektromotor: 145(107) Systemleistung 455(335)/6000
Verdichtung:	15,8:1
Ventilsteuerung:	DOHC
Gemischaufbereitung:	EFI mit Turbo, Kompressor und LLK
Getriebe:	8-Gang-Automatikgetriebe, AWD
Bereifung:	245/45 R18
Bremsanlage:	Vier Scheibenbremsen
Radstand (mm):	2941
Länge x Breite x Höhe (mm):	4969 x 1890 x 1446
Karosserien:	5-türige Limousine
Anzahl der Sitze:	5
Leergewicht (kg):	2119 kg
Höchstgeschwindigkeit:	180 km/h, abgeregelt
Preis:	ab € 75.500 (2024)
Weitere Getriebe:	Keine
Weitere Motoren:	S90: B5 V90: B4, T6
Weitere Karosserien:	Kombi V90

Bauzeit der 90er Serie

Generation I	S90 4-Türer:	1996–1998
	V90 Kombi:	1996–1998
Generation II	S90 4-Türer:	seit 2016
	V90 Kombi:	seit 2016
	Benziner	2016–2021
	Diesel	2016–2020
	Benzin-Hybrid	seit 2020
	Diesel-Hybrid	seit 2020

Angebotspalette Frühjahr 2024

S90	Recharge	T8
	Mild-Hybrid	B5 Diesel
V90	Recharge	T6
		T8
	Mild-Hybrid	B4 Benzin
		B4 Diesel

Was für die Limousine gilt, gilt auch für den Kombi V90 der zweiten Generation: unverwechselbar Volvo. Hier der V90 Recharge Plug-in-Hybrid.

Die speziell für den chinesischen Markt entwickelte Lang-Version des S90 ist nicht so auffällig wie die frühen langen 200er und 700er.

Die Volvo Serie XC40

Im Herbst 2017 stellte Volvo das dritte SUV in seinem Sortiment vor, das diese Reihe nach unten vervollständigt. Das Modell trägt den Namen XC40 und ist im Vergleich zum mittleren SUV-Modell XC60 mit einem um 17 Zentimeter kürzeren Radstand und einer um 27 Zentimeter geringeren Gesamtlänge unterwegs. Trotzdem ist der In-

Der XC40 war bei seiner Vorstellung das kleinste SUV aus dem Volvo-Sortiment.

nenraum komfortabel und nicht zu eng geraten. Ab März 2018 kam das neue Modell in Deutschland in den Handel. Zusammen mit der chinesischen Mutter »Geely« wurde die CMA-Plattform (Compact Modular Architecture) entwickelt, auf der in Zukunft einige Modelle aus beiden Marken stehen werden. Zum Serienumfang gehören beispielsweise 17 Zoll-Räder (bei der höherwertigeren Ausstattungsstufe »Momentum« sind es sogar 18-Zöller), City-Notbremsassistent, Spurhalteassistent, Müdigkeitswarner und Tempolimitanzeige. Praktische Ablagen bieten viel Stauraum im Bereich der Insassen. Das Kofferraumvolumen fällt mit maximal 1336 Litern nur etwa 100 Liter geringer aus als beim größeren XC60.

Zum Serienbeginn standen zwei Motoren zur Verfügung, der T5-Benziner mit Achtgang-Automatik und Allradantrieb sowie der D4-Diesel in gleicher Konfiguration.

Im gleichen Jahr kamen noch der T3, ein Dreizylinder Benziner mit 156 PS und ein ebensolcher Vierzylinder mit 190 PS (T4) hinzu. Beide hatten Vorderradantrieb, der letztere war auch als AWD zu haben. Die Kraft wurde bei den kleineren Motorvarianten mit einem Sechsgang-Schaltgetriebe übertragen. Bei den Diesel wurde die Palette um den D3 mit 150 PS ergänzt, der über sechs Gänge verfügte.

2019 wurde das Motorenangebot wieder erweitert. Der Dreizylinder-T3 leistete jetzt 163 PS, der T5 in der Ausführung »Polestar Performance« wurde auf 250 PS gebracht. Diese Variante gab es auch beim D3 mit jetzt 160 PS und beim D4 mit 200 PS. Erstmalig kam in diesem Jahr mit dem T5 Recharge ein Plug-in-Hybrid des XC40 auf den Markt, der eine Systemleistung von 262 PS erzielte. Diese Kraft wurde mit einem Siebengang-Doppelkupplungsgetriebe auf die Vorderräder gebracht. Damit einher ging auch eine leichte Änderung am Äußeren des XC40. Die Hybrid- und späteren vollelektrischen Modelle haben einen geschlossenen Kühlergrill.

Ein T2, der mit seinen 129 PS eine in der Leistung reduzierte Variante des T3 war, wurde 2020 eingeführt. Die Mild-Hybrid B4 und B4 AWD ergänzten die Vierzylinder Modelle, beide mit der Achtgang-Geartronic ausgestattet, und beim T5-Recharge wurde die Leistung des Benzinmotors etwas reduziert, so dass jetzt eine Systemleistung von 211 PS auf die Vorderräder übertragen wurde. Bei den Diesel-Motoren gab es keine Änderungen.

Dass die Zukunft von Volvo elektrisch sein wird, wurde durch die Modelländerungen 2021 deutlich gezeigt. In diesem Jahr kam der erste XC40, der vollelektrisch fährt.

Mit einer dunkel abgesetzten Dachpartie folgt der XC40 einem zeitgenössischen optischen Trend.

Modell:	Volvo XC40 (Benziner, Allradantrieb)
Ausstattungsstufe:	»Momentum«
Bauzeit:	2018 (T5)
Motor:	4 Zylinder in Reihe
Bohrung/Hub (mm):	82 x 93,2
Hubraum (cm³):	1969
Leistung (PS/kW-min.-1):	245(180)/5500
Verdichtung:	10,8:1
Ventilsteuerung:	DOHC
Gemischaufbereitung:	EFI mit Turbo und Ladeluftkühlung
Getriebe:	8-Gang-Automatikgetriebe AWD
Bereifung:	225/40R18(W)
Bremsanlage:	Vier Scheibenbremsen
Radstand (mm):	2702
LängexBreitexHöhe (mm):	4425x1863x1652
Karosserien:	5-türiger SUV
Anzahl der Sitze:	5
Leergewicht (kg):	ab 1725 kg
Höchstgeschwindigkeit:	230 km/h
Preis:	ab € 34.900
Weitere Getriebe:	6-Gang-Schaltgetriebe
Weitere Motoren:	4 Leistungs-Varianten Benziner 3 Leistungs-Varianten Diesel

Der P8 genannte Twin-Motor mit 408 PS und Allradantrieb war das erste Modell, das um eine Variante mit Single-Motor, 231 PS und Vorderradantrieb ergänzt wurde. Die Diesel-Antriebe verschwanden in diesem Jahr ganz aus dem Angebot, bei den Benzinern gab es leichte Änderungen an den beiden Mild-Hybrid. Der B4 AWD und der B5 AWD wurden Ende 2022 eingestellt, so dass als letzte Verbrenner der XC40 B4 und der T4-Recharge, beide mit Frontantrieb, im Programm sind. Alle anderen Modelle dieser Serie fahren elektrisch und heißen seit 2024 EX40 (siehe dort).

Bauzeit der XC40 Modelle

Generation I	Benziner	2018–2021
	Diesel	2018–2020
	Benzin-Hybrid	seit 2019
	Vollelektrisch	seit 2021

Angebotspalette Frühjahr 2024

XC40	Mild-Hybrid	B3 Benzin
		B4 Benzin

Eine leichte Überarbeitung der Frontpartie an Lufteinlässen und Scheinwerfern kennzeichnet die letzte Serie des XC40.

Die Volvo Serie XC60

Generation I

Als Prototyp wurde der XC60 bereits auf der Detroit Auto Show Anfang 2007 vorgestellt, die Serienausgabe des XC60 stand auf der internationalen Autoausstellung in Genf im März 2008 für das Modelljahr 2009. Die Auslieferung hatte da bereits begonnen.

Am Anfang standen ein Dreiliter-Turbobenziner mit sechs Zylindern und 285 PS sowie zwei fünfzylindrige Diesel mit 2,4 Litern Hubraum sowie 163 und 185 PS zur Verfügung. Alle hatten zwei obenliegende Nockenwellen sowie vier Ventile pro Zylinder. Außerdem waren Kurbelgehäuse und Zylinderkopf komplett aus einer Aluminiumlegierung gegossen.

Während beide Diesel Direkteinspritzer waren, musste der Benziner noch mit Saugrohreinspritzung auskommen. Als Getriebe stand für alle Modelle die Sechsgang-Automatik zur Verfügung. Die Dieselversionen konnten wahlweise mit einem Schaltgetriebe mit gleich vielen Schaltstufen bestellt werden. Selbstverständlich hatten alle (außer dem schwächeren Diesel) einen permanenten Allradantrieb serienmäßig.

Hübsche Siebzehnzoll-Aluräder mit Reifen der Dimension 235/65R17 rundeten den guten optischen Auftritt ab. Mit einer Länge von knapp über 4,60 Metern war der XC60 fast gleich lang wie eine Mercedes C-Klasse W203. Der Laderaum fasste bei abgeklappter hinterer Sitzreihe über 1450 Liter. Zum Vergleich: Der XC90 bot 1835 Liter.

Zum Modelljahr 2010 wurden weitere Motoren wie der Einstiegsbenziner mit zwei Liter Hubraum und 203 PS (Turbo, 16-Ventiler mit vier Zylindern) und Doppelkupplungs-Getriebe ins Sortiment aufgenommen. Kurzfristig gab es einen 3,2-Liter-Saugbenziner mit 238 PS, der aber nach einem Jahr schon wieder verschwand. Letzterer konnte sogar wahlweise mit Frontantrieb geliefert werden. Ein stärkerer Diesel mit 205 PS gehörte jetzt ebenfalls dazu.

Parallel zum für 2010 herausgebrachten Zweiliter-Benziner stellte Volvo diesem im Modelljahr 2011 eine stärkere Version »T5« mit 240 PS und Ladeluftkühler zur Seite, der nur mit Frontantrieb kombiniert werden konnte. Mit diesem Motor läutete Volvo die Ära der Benzin-Direkteinspritzmotoren ein. Der Dreiliter-Benziner »T6« erstarkte auf 304 PS, der 3,2-Liter auf 243 PS. Gleichzeitig erschien ein Parallelmotor »D5« mit ebenfalls 163 PS (Diesel), jedoch mit zwei Litern Hubraum.

Die 203 PS-Version (Zweiliter-Benziner) entfiel 2013. Der Diesel »D5« bekam eine kleine Leistungskur und stand nun mit 215 PS im Programm. Gleichzeitig schob Volvo noch einen 136 PS leistenden Zweiliter-Diesel »D3« mit Frontantrieb nach.

Ein großes Facelift mit stark veränderter Front stand im Modelljahr 2014 an. Fast alle Sechszylindermotoren wurden fallen gelassen und dafür starke Zweiliter-Vierzylinder bei den Benzinern eingeführt. Die Leistungen wurden für den »T5« mit 245 PS, für den »T6« mit 306 PS angegeben. Nur der Turbomotor mit drei Litern und 304 PS (Saugrohreinspritzung) wurde parallel noch weitergebaut. Bei den Dieseln ersetzte ein neuer Vierzylinder mit ebenfalls zwei Litern und 181 PS (»D4«) alle bisherigen Motoren bis auf den kleinsten Selbstzünder »D3« (136 PS) sowie den »D5« mit 215 PS.

Bei den beiden Versionen »T5« und »D4« kam erstmals in dieser Baureihe ein Acht-Gang-Automatikgetriebe zum Einsatz. Das bislang angebotene Doppelkupplungsgetriebe entfiel deshalb.

2016 wurde das Angebot an Dieselmotoren etwas ausgedünnt. Es standen jetzt zwei Vierzylinder mit 150 (»D2«) oder 190 PS (»D3«) sowie die beiden letzten Fünfzylinder

Modell:	Volvo XC60 (Benziner)
Bauzeit:	2014-2017 (T6)(Generation I)
Motor:	4 Zylinder in Reihe
Bohrung/Hub (mm):	82 x 93,2
Hubraum (cm^3):	1969
Leistung (PS/kW-min.-1):	306(225)/5700
Verdichtung:	10,3:1
Ventilsteuerung:	DOHC
Gemischaufbereitung:	EFI mit Turbo und Ladeluftkühlung
Getriebe:	8-Gang-Automatikgetriebe AWD
Bereifung:	235/65R17(V)
Bremsanlage:	Vier Scheibenbremsen
Radstand (mm):	2775
Länge x Breite x Höhe (mm):	4630 x 1890 x 1715
Karosserien:	5-türiger SUV
Anzahl der Sitze:	5
Leergewicht (kg):	ab 1650 kg
Höchstgeschwindigkeit:	210 km/h (limitiert)
Preis:	€ 50.400 (2016)
Weitere Getriebe:	6-Gang-Automatikgetriebe
Weitere Motoren:	8 Leistungs-Varianten
Varianten:	mit oder ohne Allradantrieb

Modell:	Volvo XC60 (Diesel)
Bauzeit:	2016–2017 (Generation I)
Motor:	4 Zylinder in Reihe
Bohrung/Hub (mm):	82 x 93,2
Hubraum (cm^3):	1969
Leistung (PS/kW-min.-1):	190(140)/4250
Verdichtung:	15,8:1
Ventilsteuerung:	DOHC
Gemischaufbereitung:	Dieseleinspritzung, Turbo, LLK, VTG
Getriebe:	6-Gang-Schaltgetriebe
Bereifung:	215/65VR16
Bremsanlage:	Vier Scheibenbremsen
Radstand (mm):	2760
Länge x Breite x Höhe (mm):	4730 x 1860 x 1560
Karosserien:	5-türiger SUV
Anzahl der Sitze:	5
Leergewicht (kg):	ab 1585 kg
Höchstgeschwindigkeit:	220 km/h
Preis:	€ 38.900 (2016)
Weitere Getriebe:	6-Gang-Automatik
Weitere Motoren:	13 Leistungs-Varianten
Varianten:	mit oder ohne Allradantrieb

Die erste Generation des XC60 hat noch deutliche Elemente des klassischen Volvo-Designs, deutet aber auch schon die zukünftige Entwicklung an.

mit 163 PS (»D4«) und 215 PS (»D5«) zur Verfügung. Damit war das Jahr 2016 nach dem Auslaufen der letzten Sechszylinder-Benzin-Modelle das erste Modelljahr, in dem alle XC60-Motoren Direkteinspritzer waren.
Die Produktion wurde noch im ersten Halbjahr 2017 fortgesetzt.

Generation II

Anfang 2017 löste Volvo die erfolgreiche erste Generation des XC60 durch einem völlig neu gestalteten Nachfolger ab, bei dem ausschließlich Reihenvierzylinder-Motoren als Diesel und Benziner angeboten wurden. In Deutschland feierte das neue Modell erst im Juli 2017 Premiere und gehört damit schon zum Modelljahr 2018.
Der nun für Volvo aktuelle, nahezu rechteckige Kühlergrill sowie die Tagfahrleuchten, die die Scheinwerfer horizontal unterteilen, und das klare Design sprechen eine nordisch, zurückhaltende Formensprache. Geringfügig niedriger, etwas länger aber elf Zentimeter breiter als der Vorgänger, ist der XC60 II eine nochmals auftrittstärkere »Persönlichkeit« geworden.
Was bei VW der »modulare Querbaukasten«, ist für Volvo die »SPA«, die »skalierbare Produktarchitektur«, auf der die Modelle S60, V60, V60 Cross Country, S90, V90, V90 Cross Country, XC90 und nun auch der XC60 aufbauen. Die »SPA« verspricht entsprechende Synergieeffekte und damit günstigere Fertigungskosten.
Es stehen fünf verschiedene Motoren zur Wahl. Die Dieselmodelle gibt es in zwei Leistungsstufen mit 190 PS (»D4«) und 235 PS (»D5«), während die Benziner mit 254 (»T5«)

Auch die Heckansicht der zweiten Generation des XC60 entspricht noch dem für die 2010er-Jahre typischem Volvo-Bild.

Modell:	Volvo XC60 »T8« Hybrid
Bauzeit:	2017 – 2018 (Generation II)
Motor:	4 Zylinder in Reihe
Bohrung/Hub (mm):	82 x 93,2
Hubraum (cm³):	1969
Leistung (PS/kW-min.-1):	320(235)/5700, Elektromotor: 99(65) Systemleistung 407(300)/5700
Verdichtung:	10,3:1
Ventilsteuerung:	DOHC
Gemischaufbereitung:	EFI mit Turbo, Kompressor und LLK
Getriebe:	8-Gang-Automatikgetriebe, AWD
Bereifung:	18 Zoll bis 20 Zoll
Bremsanlage:	Vier Scheibenbremsen
Radstand (mm):	2760
Länge x Breite x Höhe (mm):	4690 x 2000 x 1660
Karosserien:	5-türiger SUV
Anzahl der Sitze:	5
Leergewicht (kg):	ab 2100 kg
Höchstgeschwindigkeit:	230 km/h
Preis:	€ 69.270 (2018)
Weitere Getriebe:	Keine
Weitere Varianten:	11 Leistungs-Varianten davon 3 Plug-In-Hybrid
Varianten:	ohne Hybrid auch mit Frontantrieb

oder 320 PS (»T6«) ausgewiesen werden. Das Topmodell »T8« hat ein besonderes Alleinstellungsmerkmal, denn es ist ein Plug-in-Hybrid, der auf dem stärkeren Benziner aufbaut und eine Systemleistung von 407 PS bietet. Das ist eine Literleistung, die kein einziger aktueller Ferrari vorweisen kann. Damit beschleunigt der Wagen von 0 auf 100 km/h in sagenhaften 5,2 Sekunden, für einen SUV mit gut über zwei Tonnen Leergewicht mehr als beachtlich.

Die Höchstgeschwindigkeit beträgt 230 km/h. Das Technik-Aufgebot dafür ist beachtlich, eine Kombination mit Turbolader, Ladeluftkühler und mechanisch angetriebenem Kompressor (für die niedrigen Drehzahlen) zeugt von hohem Aufwand. Das gesamte Drehmoment beträgt 640 Nm (der Benzinmotor hat »nur« 400 Nm).

Für alle Modelle ist Luftfederung optional erhältlich. Leider ist der Kraftstofftank beim Einstiegsmodell von 70 auf 60 Liter geschrumpft, der Hybrid hat sogar nur noch einen 50-Liter-Behälter.

Der Elektromotor sitzt an der Hinterachse und treibt diese an, der Verbrenner vorn sorgt für Frontantrieb und die Batterien sind zum nahezu perfekten Gewichtsausgleich in der Mitte des Fahrzeugs positioniert.

Natürlich sind auch wieder jede Menge Sicherheitsfeatures an Bord. Angefangen von der steifen Fahrgastzelle und den Energie absorbierenden Bereichen an Front, Heck und den Fahrzeugseiten, sind Totwinkelassistent, Spurhalteassistent und Notbremsassistent mit dabei. Als Extra gegen Aufpreis kann sich die Kundschaft teilautonomes Fahren gönnen, was zusätzlich noch einen Querverkehrswarner einschließt.

Seit November 2017 erfüllen alle Dieselversionen bereits die Euronorm 6d-TEMP.

Als neue Antriebsversionen brachte Volvo 2019 erstmals die Mild-Hybrid, eine Technik, bei der ein Fahrzeug mit Verbrennungsmotor zusätzlich durch einen kleinen elektrischen Antrieb unterstützt wird und mit Benzinern oder Dieseln kombiniert werden kann. Volvo verwendete diese Bauweise bei den Benzinern als B5 AWD mit 250 PS und B6 AWD mit 300 PS, bei den Dieseln als B4 mit 197 PS. 2020 wurden beide B4 um Varianten mit Frontantrieb und abgeregelter Höchstgeschwindigkeit von 180 km/h ergänzt. Auch der T6 Recharge AWD wurde jetzt auf diese Höchstgeschwindigkeit begrenzt, womit Volvo sein neues Sicherheitskonzept konsequent umsetzte.

Im Mai 2021 wurde der XC60 optisch dezent überarbeitet. Er erhielt einen neu gestalteten Kühlergrill und neue Front- und Heckschürzen. Außerdem wurde er mit der neuen ADAS-Sensorplattform und dem Android-basierten Infotainment-System ausgestattet. Es integriert verschiedene Google-Dienste vollumfänglich ins Fahrzeug.

Im gleichen Jahr wurde beim T6 die Leistung des Elektromotors deutlich von 87 auf 145 PS erhöht und die Motorenpalette um einen T8 Recharge AWD mit einer Systemleistung von 455 PS ergänzt.

Die zweite Generation des XC60 wurde völlig neu gestaltet, erkennbar etwa an den Scheinwerfern im Design von »Thors Hammer«.

Modell:	Volvo XC60 »D5«
Bauzeit:	2017–2018 (Generation II)
Motor:	4 Zylinder in Reihe
Bohrung/Hub (mm):	82 x 93,2
Hubraum (cm³):	1969
Leistung (PS/kW-min.-1):	235(173)/4000
Verdichtung:	15,8:1
Ventilsteuerung:	DOHC
Gemischaufbereitung:	Diesel-DI, 2 Turbolader, LLK, VTG
Getriebe:	8-Gang-Automatikgetriebe, AWD
Bereifung:	18 Zoll (USA 19 Zoll)
Bremsanlage:	Vier Scheibenbremsen
Radstand (mm):	2760
Länge x Breite x Höhe (mm):	4690 x 2000 x 1660
Karosserien:	5-türiger SUV
Anzahl der Sitze:	5
Leergewicht (kg):	ab 1930 kg
Höchstgeschwindigkeit:	220 km/h
Preis:	€ 52.600 (2018)
Weitere Getriebe:	6-Gang-Schaltgetriebe
Weitere Motoren:	5 Leistungs-Varianten
Varianten:	mit oder ohne Allradantrieb

Modell:	Volvo XC60 »B4« Mild-Hybrid
Bauzeit:	2020–2023 (Generation II)
Motor:	4 Zylinder in Reihe
Bohrung/Hub (mm):	82 x 93,2
Hubraum (cm³):	1969
Leistung (PS/kW-min.-1):	197(145)/4800
Verdichtung:	10,8:1
Ventilsteuerung:	DOHC
Gemischaufbereitung:	EFI mit Turbo
Getriebe:	8-Gang-Geartronic, Frontantrieb
Bereifung:	235/55 R 19
Bremsanlage:	Vier Scheibenbremsen
Radstand (mm):	2865
Länge x Breite x Höhe (mm):	4708 x 1902 x 1660
Karosserien:	5-türiger SUV
Anzahl der Sitze:	5
Leergewicht (kg):	ab 1869 kg
Höchstgeschwindigkeit:	180 km/h abgeregelt
Preis:	€ 53.500 (2024)
Weitere Getriebe:	Keine
Weitere Varianten:	2 Mild-Hybrid-Varianten, davon 1 Diesel
Varianten:	mit oder ohne Allradantrieb

Bauzeit der XC60 Modelle

Generation I		2008–2017
Generation II		seit 2017
	Benziner	2017–2022
	Diesel	2017–2022
	Benzin-Hybrid	seit 2019
	Diesel-Hybrid	seit 2020

Angebotspalette Frühjahr 2024

XC60	Plug-in	T6
XC60	Mild-Hybrid	B5 Diesel
		B4 Benzin
		B5 Benzin

Der XC60 besitzt auch insgesamt alle Merkmale der aktuellen Volvo-Modelle. Hier ist der XC60 Recharge T8 im Farbton Silver Dawn in der 2024 aktuellen zweiten Generation zu sehen.

Der Plug-in-Hybrid XC60 besticht dank seiner Form auch in der Seitenansicht.

Die Volvo Serie XC90

Generation I

Das überaus erfolgreiche Volvo Cross-Country-Konzept hatte offensichtlich vielen Kunden geschmeckt. Aus dem Kombi V70, ging zuerst der V70 XC (XC steht für Cross-Country) hervor, dann wurde eine eigene Modellreihe XC70 daraus, die in zwei Generationen von 2003 bis 2016 gebaut wurde. Danach musste er für die SUV-Modelle das Feld räumen. Der erste echte SUV war jedoch der Volvo XC90, der im Frühjahr 2002 vorgestellt und im Sommer in Produktion genommen wurde. Zu Beginn stand der Export in die USA im Vordergrund und in der EU war das Modell erst ab Frühjahr 2003 erhältlich.

Klar und schnörkellos gezeichnet, überzeugte der Wagen mit seinem freundlichen Vieraugen-Gesicht und den großzügigen Platzverhältnissen. Ausschließlich mit Allradantrieb, Haldex-Kupplung und wahlweise fünf oder sieben Plätzen angeboten, war der XC90 ein überaus solides Fahrzeug, welches mit vielen Einrichtungen für die Sicherheit der Insassen ausgerüstet war. Dazu gehörten ESP, ASR, das SIPS (Side Impact Protection System), Gurtstraffer, aktive Kopfstützen, mehrstufige Airbags und Bi-Xenon-Scheinwerfer. Sogar an den Fußgängerschutz wurde gedacht, schon bevor die EU dafür Richtlinien formuliert hatte.

Am Beginn der Modelllaufzeit standen zwei Benziner und ein Diesel zur Wahl, alles bewährte Fünf- und Sechszylinder mit Automatik-Getriebe. Die Fünfender hatten auch fünf Fahrstufen, während der 272 PS starke Dreiliter-Top-

Der XC90 war Volvos erstes SUV und vereinte eleganten Auftritt mit den Fahreigenschaften der Allrad-Antriebs-Modelle. Hier im Bild die ersten Generation aus 2003.

Modell:	Volvo XC90 D5 (Daten von 2014)
Bauzeit:	2002–2014 (Generation I)
Motor:	5 Zylinder in Reihe
Bohrung/Hub (mm):	81 x 93,2
Hubraum (cm^3):	2401
Leistung (PS/kW-min.-1):	200(147)/3900
Verdichtung:	17,3:1
Ventilsteuerung:	DOHC
Gemischaufbereitung:	Common-Rail-DI, Turbolader mit VTG
Getriebe:	6-Gang-Automatikgetriebe, AWD
Bereifung:	235/65R17 (H)
Bremsanlage:	Vier Scheibenbremsen
Radstand (mm):	2860
Länge x Breite x Höhe (mm):	4800 x 1900 x 1740
Karosserien:	5-türiger SUV
Anzahl der Sitze:	5–7
Leergewicht (kg):	ab 2070 kg
Höchstgeschwindigkeit:	205 km/h
Preis:	€ 42.680 (2007)
Weitere Getriebe:	Keine
Weitere Motoren:	5 Leistungs-Varianten Diesel

Benziner noch mit dem älteren Vierstufen-Automat Vorlieb nehmen musste. Mit 4,80 Metern war der XC90 gleich lang wie die Oberklasse-Limousine Volvo S80.

Ab Modelljahr 2004 konnte der 210 PS-Motor auch mit einem Sechsgang-Schaltgetriebe kombiniert werden.

Als für den Jahrgang 2005 der erste und ziemlich sicher auch letzte V8-Motor, eingekauft von Yamaha, für den XC90 vorgestellt wurde, war das eine kleine Sensation. Diese komplett aus Leichtmetall gefertigte Maschine mit fünffach gelagerter Kurbelwelle und je Zylinderbank doppelt obenliegenden Nockenwellen schien in eine Zeit uferloser »größer-schneller-weiter«-Entwicklung zu passen. Weil praktisch sämtliche Konkurrenten im Premium-Segment Fahrzeuge dieser Größenordnung wahlweise schon jahrelang mit V8-Motoren im Angebot hatten, fühlte sich auch Volvo verpflichtet, ebenfalls solch ein Aggregat ins Programm aufzunehmen, vor allem für den US-Markt und für die arabischen Länder.

Der XC90 folgt in der ersten Generation selbstverständlich mit den Volvo-typischen Rückleuchten dem Design der Kombi-Modelle.

Wie schon beim »Buckel-Volvo« wurde auch der letzte XC90 der ersten Generation aus der Produktionshalle direkt ins Volvo-Museum gefahren.

Der 4,4-Liter (ohne Turbolader) leistete 315 PS und war damit stärker als der ML500 von Mercedes. BMW's X5 hatte unter anderem auch einen 4,4-Liter anzubieten, der mit 320 PS angegeben war. Volvo befand sich mit seinem Motor also in bester Gesellschaft. Das Werk gab dafür eine zurückhaltende Höchstgeschwindigkeit von 210 km/h an. Einziges Getriebe war ein nagelneuer Sechsstufen-Automat.

Ein stärkerer D5-Diesel mit 185 PS folgte 2006. Und im Frühjahr gab es ein dezentes Facelift sowie die Vorstellung des 3,2-Liter-Sechszylinders (ohne Turbo), der den zwangsbeatmeten Dreiliter ablöste und eine auf 238 PS reduzierte Leistung bot. Auch dieser Motor war jetzt mit der Sechsgang-Automatik gekoppelt. Der D5 bekam ebenfalls dieses Getriebe spendiert, während der D4-Diesel noch bis zu seinem letzten Modelljahr 2008 darauf warten musste. Für 2008 entfiel der T5, doch schon 2010 kam er nochmals für ein Jahr wieder zum Vorschein. Für 2009 verschwand dann der D4 aus dem Angebot.

Im Modelljahr 2011 wurde das Angebot an Dieselmotoren erweitert und der schon bekannte D4-Motor kam wieder zum Einsatz, so dass jetzt zwei Leistungsstufen mit 163 und 200 PS zur Verfügung standen. Der 3,2-Liter-Benziner setzte noch ein paar PS zu. Außerdem gab es jetzt für die schwächeren Motoren auch die Möglichkeit, auf den Allradantrieb zu verzichten. Am Ende des Modelljahres 2011 gab Volvo den V8 auf. Die geringe Fertigungszahl machte den feinen Motor unrentabel. Ein bisschen durstig war er wohl auch und passte damit nicht mehr in die Zeit der anvisierten Flottenverbrauchsgrenzen und der stetig steigenden Spritpreise. Die letzten drei Jahre blieben das Motoren- und Getriebe-Angebot konstant. Der schwächere Dieselmotor war nur mit Frontantrieb zu haben.

Generation II

Nach zwölf Modelljahren stand dringend eine Erneuerung der Modellreihe ins Haus. Im Oktober 2014 war deshalb auf der Pariser Automesse das Nachfolgemodell zu sehen. Das Modell zeichnet sich durch ein Facelifting aus, das den SUV eckiger und bulliger erscheinen lässt. Besonders die Frontscheinwerfer, die wegen ihrer markanten Form den Spitznamen »Thors Hammer« verliehen bekamen, verstärken diesen Eindruck. Auch trugen die um drei Zentimeter angewachsene Breite und die um 15 Zentimeter gestiegene Länge dazu bei.
Konsequent setzte Volvo nun ausschließlich auf hochaufgeladene Vierzylinder-Motoren. Zum Serienbeginn standen je ein Benziner und ein Diesel zur Auswahl. Aus den Zweiliter-DOHC-Motoren holte Volvo 320 und 225 PS. Das

Modell:	**Volvo XC90 T5**
Bauzeit:	**2017 – 2019 (Generation II)**
Motor:	**4 Zylinder in Reihe**
Bohrung/Hub (mm):	**82 x 93,2**
Hubraum (cm^3):	**1969**
Leistung (PS/kW-min.-1):	**254(187)/5500**
Verdichtung:	**10,8:1**
Ventilsteuerung:	**DOHC**
Gemischaufbereitung:	**EFI mit Turbolader und LLK**
Getriebe:	**8-Gang-Automatikgetriebe, AWD**
Bereifung:	**235/65R17(V)**
Bremsanlage:	**Vier Scheibenbremsen**
Radstand (mm):	**2980**
Länge x Breite x Höhe (mm):	**4950 x 1920 x 1770**
Karosserien:	**5-türiger SUV**
Anzahl der Sitze:	**5 – 7**
Leergewicht (kg):	**ab 2050 kg**
Höchstgeschwindigkeit:	**215 km/h**
Preis:	**€ 59.850 (2018)**
Weitere Getriebe:	**Keine**
Weitere Motoren:	**9 Leistungs-Varianten**

Mit der zweiten Generation hat auch der XC90 das neue Scheinwerfer-Styling und besonders an der Front wieder etwas mehr eckigere Elemente.

bewährte Rezept von Fahrwerk und Sicherheitssystemen wurde verfeinert und versucht, die Gewichte nicht noch weiter in die Höhe zu treiben, trotz der gewachsenen Dimensionen. Rückfahrkamera, ein Internet-Hot-Spot, Müdigkeitswarner, Parkassistent, Verkehrszeichenerkennung und die Möglichkeit, teilautonom fahren zu können, wurden entweder serienmäßig installiert oder als Option angeboten. Auch ein automatisches Notrufsystem war an Bord. Alle Motoren wurden mit einer neuen Achtgang-Automatik verblockt. Der 320 PS starke Benziner »T6« leistete sich gleich zwei verschiedene Aufladesysteme, nämlich einen Turbo mit Ladeluftkühler sowie einen mechanisch angetriebenen Kompressor.
Zum Modelljahr 2016 kamen zusätzlich ein 245 PS-Benziner (»T5«) und ein 190 PS-Diesel (»D4«) neu ins Programm. Im Modelljahr 2017 nahm Volvo gleichzeitig mit dem XC60 auch für den XC90 den Hybridantrieb mit 407 PS ins Angebot auf. Der T5 legte um neun PS zu, der D5 erstarkte um zehn PS. Damit war das Motorenangebot bei XC60 und XC90 exakt gleich gestaffelt. Ende 2017 kam mit dem D5 eine Dieselversion, die bereits die Euronorm 6b-TEMP erfüllt. 2019 wurde die Motorenpalette um zwei Mild-Hybrid-Benziner ergänzt, die beide mit Allradantrieb kamen. Der B5 erzielte mit Turbolader eine Leistung von 250 PS und ist heute noch erhältlich, der B6 erreichte mit Turbo und E-Charger 300 PS, blieb allerdings nur zwei Jahre im Angebot.
Für 2020 wurde noch mal ein dezentes Facelift an der Wagenfront durchgeführt, 2021 löste der T8 Recharge AWD den bisherigen als Twin Engine bezeichneten T8 ab. Die Leistung des Verbrenners wurde dabei minimal reduziert, die des Elektromotors von 87 auf 145 PS deutlich gesteigert, außerdem die Batteriekapazität und die elektrische Reichweite signifikant erhöht. Der Elektromotor treibt hier wie auch bei den T8-Vorgängern die Hinterräder an, der Verbrenner die Vorderrä-

Modell:	**Volvo XC90 D5**
Bauzeit:	**2017–2018 (Generation II)**
Motor:	**4 Zylinder in Reihe**
Bohrung/Hub (mm):	**82 x 93,2**
Hubraum (cm³):	**1969**
Leistung (PS/kW-min.-1):	**235(173)/4000**
Verdichtung:	**15,8:1**
Ventilsteuerung:	**DOHC**
Gemischaufbereitung:	**Common-Rail-DI, 2 Turbolader, LLK**
Getriebe:	**8-Gang-Automatikgetriebe, AWD**
Bereifung:	**235/65R17 (V)**
Bremsanlage:	**Vier Scheibenbremsen**
Radstand (mm):	**2980**
Länge x Breite x Höhe (mm):	**4950 x 1920 x 1770**
Karosserien:	**5-türiger SUV**
Anzahl der Sitze:	**5–7**
Leergewicht (kg):	**ab 2050 kg**
Höchstgeschwindigkeit:	**220 km/h**
Preis:	**€ 58.650 (2018)**
Weitere Getriebe:	**Keine**
Weitere Motoren:	**4 Leistungs-Varianten**

Modell:	**Volvo XC90 T8 Recharge AWD**
Bauzeit:	**seit 2021 (Generation II)**
Motor:	**4 Zylinder in Reihe**
Bohrung/Hub (mm):	**82 x 93,2**
Hubraum (cm³):	**1969**
Leistung (PS/kW-min.-1):	**310(228)/6000, Elektromotor: 145(107) Systemleistung 455(335)/6000**
Verdichtung:	**15,8:1**
Ventilsteuerung:	**DOHC**
Gemischaufbereitung:	**Direkteinspritzung, Turbolader**
Getriebe:	**8-Gang-Automatikgetriebe, AWD**
Bereifung:	**235/55 R19**
Bremsanlage:	**Vier Scheibenbremsen**
Radstand (mm):	**2984**
Länge x Breite x Höhe (mm):	**4953x1931x1772**
Karosserien:	**5-türiger SUV**
Anzahl der Sitze:	**5–7**
Leergewicht (kg):	**ab 2297 kg**
Höchstgeschwindigkeit:	**180 km/h abgeregelt**
Preis:	**€ 79.990 (2024)**
Weitere Getriebe:	**Keine**
Weitere Motoren:	**Keine**

Volvo bezeichnet diesen XC90 Recharge T8 AWD im Farbton Denim Blue selbstbewusst als Premium-SUV-Flaggschiff.

der. Der Allradantrieb ist also vom verwendeten Fahrmodus abhängig. Der D5-AWD blieb noch im Programm und wurde 2023 durch einen Mild-Hybrid ersetzt. Weitere Änderungen sind nicht zu erwarten, denn der Nachfolger EX90 steht noch für 2024 bereits in den Startlöchern. Und spätestens 2025 wird es mit der zweiten Generation des XC90 endgültig zu Ende gehen, denn dann sollen im Werk in Torslanda, wo der XC90 derzeit gebaut wird, nur noch vollelektrische Volvos vom Band laufen.

Bauzeit der XC90 Modelle

Generation I		**2002–2014**
Generation II		**seit 2015**
	Benziner	**2015–2022**
	Diesel	**2015–2022**
	Benzin-Hybrid	**seit 2019**
	Diesel-Hybrid	**seit 2021**

Angebotspalette Frühjahr 2024

XC90	**Plug-in**	**T8**
XC90	**Mild-Hybrid**	**B5 Diesel**
		B5 Benzin

Vollelektrisch Volvo fahren

Seit Mitte der 2010er-Jahre ist die E-Mobilität ein Thema, an dem kaum ein Automobil-Hersteller vorbei kommt. Es wird viel experimentiert, doch es gibt keine traditionelle Marke, die sich so konsequent zu diesem Thema geäußert hat und auf dessen Umsetzung hinarbeitet wie Volvo: ab 2030 will man nur noch vollelektrisch angetriebene Fahrzeuge herstellen. Dass es zu einer so weitreichenden Entscheidung kommt, liegt sicher nicht nur an Geely, dem chinesischen Inhaber von Volvo. Denn China ist das Land, das sich zum Vorreiter in Sachen E-Mobilität entwickelt hat. Ebenso wichtig ist die »elektrische« Vergangenheit und Kompetenz von Volvo, denn schon in den 1970er-Jahren wurde das erste Elektro-Auto in Göteborg auf die Räder gestellt.

1976 präsentierte Volvo mit dem »Elbil« (bil: schwedisch für Auto) zwei Prototypen eines Kleinwagens, die rein elektrisch fuhren: Ein Stadtmobil für den Privatgebrauch mit vier Sitzen sowie einen Transportwagen mit zwei Sitzen und Ladefläche. 2,68 Meter klein war das Volvo Elbil, das von einem Elektromotor (9,5 kW/13 PS) auf der Hinterachse angetrieben wurde. Erreicht werden konnte eine Geschwindigkeit von 70 km/h; die Reichweite des 1100 Kilogramm schweren Autos lag bei rund 50 Kilometern. Dann mussten die Elbils an die Steckdose, wo sie zehn Stunden für eine Vollladung benötigten, um wieder zwei Stunden im Einsatz sein zu können. Die Energie wurde in einem 350 Kilogramm schweren Batteriepaket gespeichert, das aus zwölf zusammen geschalteten Blei-Säure-Batterien bestand und im Mittelkanal der Kleinwagen untergebracht war. Die beiden Elbil erfüllten als Dienstfahrzeuge von Volvo ihre Aufgaben: Sie fuhren kürzere Strecken, um die Post zuzustellen und waren für Televerket in Göteborg im Einsatz, ohne Emissionen zu verursachen. Sie galten als umweltfreundlich, leise, kostengünstig im Unterhalt und hatten eine lange Lebensdauer. Die Batterie-Technologie war damals aber noch nicht soweit, dass die vollelektrifizierte Mobilität alltäglich hätte werden können.

Volvo suchte weiter nach alternativen Antriebslösungen und präsentierte beim Pariser Autosalon 1992 das luxuriöse Konzeptfahrzeug ECC (Environmental Concept Car). Das Konzeptauto war nicht nur sehr aerodynamisch und leichtgewichtig, es war auch mit dem ersten Hybridantrieb von Volvo ausgestattet. Der Volvo ECC verfügte über einen Elektromotor mit Batterie und wurde zusätzlich mit einer Gas-Turbine betrieben. Damit lief der Concept Car leise und effizient. Schließlich erhielt das Design des ECC die meiste Aufmerksamkeit und wurde im kommenden S80 größtenteils umgesetzt.

Als nächsten Schritt stellte Volvo 1995 einem weiteren Prototyp vor, den HEV 98, der auf dem vier Jahre zuvor eingeführten Volvo 850 basierte. Dabei handelte es sich um ein aufladbares Hybridfahrzeug, das im Wesentlichen wie moderne aufladbare Hybridfahrzeuge funktionierte. Mit einer Batterie-Reichweite von 85 Kilometern und einer Gesamtreichweite von etwa 400 Kilometern kam der HEV 98 bereits damals nahe an die Werte heutiger Hybrid-Fahrzeuge hern. Doch Volvo beschloss, nicht weiter in Elektro- und Hybridfahrzeuge zu investieren. Damals ging es in der Automobilbranche eher um Leistung als um Kraftstoffverbrauch und Nachhaltigkeit.

Bei Volvo experimentierte man dennoch weiter. Im Jahr 2001 wurde die ISG-Lösung als integrierter Starter-Generator vorgestellt, der eine 42-Volt-Batterie lud und ein Vorläufer der heutigen Hybridfahrzeuge war. 2011 produzierte Volvo eine kleinere Serie vollelektrischer Volvo C30 für die schwedische Energiebehörde. Die Fahrzeuge wurden an einer Steckdose aufgeladen und hatten eine Reichweite von etwa 150 Kilometern. Der C30 Electric war so beliebt, dass man ein paar Jahre später eine weitere Serie entwickelte, die aber wiederum nicht verkauft, sondern nur zu Versuchszwecken ausgewählten Personen zur Verfügung gestellt wurde. Nach einer dreijährigen Testphase gingen alle 250 Fahrzeuge zurück ins Werk, wo sie heute noch ein gewohnter Anblick auf dem Mitarbeiterparkplatz von Volvo Torslanda sind.

2020 stellt Volvo das »Concept Recharge« vor – die Bezeichnung, die für die reinen E-Autos der Schweden steht. Die Studie zeigt einen Elektro-SUV, dessen Abmessungen etwa zwischen denen von XC60 und XC90 liegen. Umgesetzt wird die Studie im C40, der damit der erste vollelektrische Volvo als Serienfahrzeug ist. Die gleiche Technik kommt direkt auch beim XC40 als Alternative zu den Verbrennern zum Einsatz. Dann geht es kontinuierlich weiter: 2023 folgt der EX30, Volvos kleinster SUV, für 2024 werden die vollelektrischen EX90 und EM90, ein Mini Van, angekündigt. Und alle E-Autos bekommen jetzt die passende Typbezeichnung. So wird aus dem C40 ein EC40 und aus dem vollelektrischen XC40 ein EX40.

Die Elbil waren die ersten beiden Elektrofahrzeuge von Volvo – kleine Gefährte, die an einen Pappkarton auf Rädern erinnerten.

Der HEV98 war ein Plug-in-Hybrid, der in seinen Fahrleistungen nahezu dem heutigen Stand entsprach.

Der ECC war der erste Volvo mit Hybrid-Antrieb. Sein Design wurde größtenteils im kommenden S80 umgesetzt.

Der »C30 electric« war Volvos erstes vollelektrisches Testfahrzeug, von dem immerhin eine Kleinserie von 250 Stück hergestellt wurde.

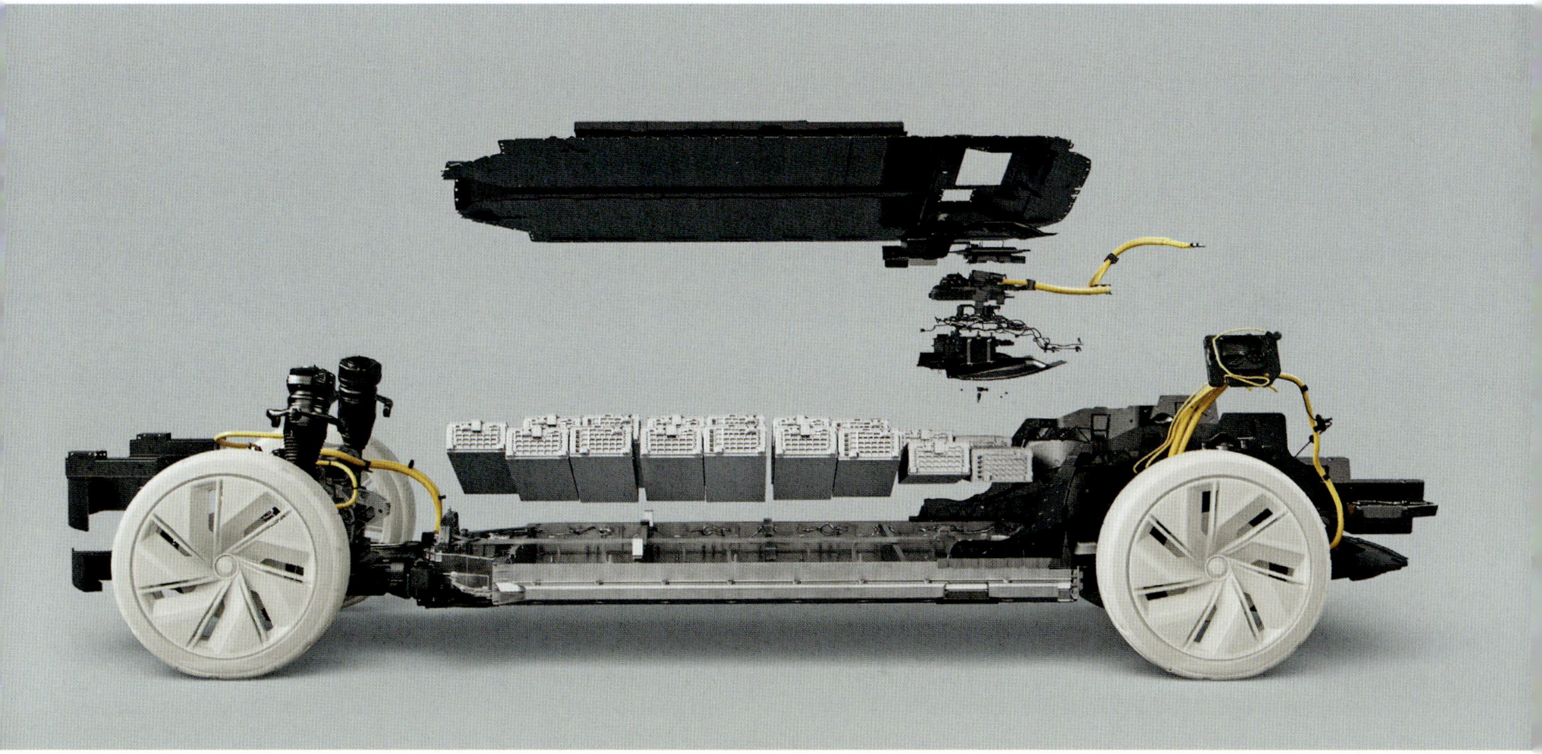

Ein typischer Antriebsstrang für einen aktuellen elektrischen Volvo. Die Batterien in der Mitte sorgen für eine gute Gewichtsverteilung und sind zusätzlich geschützt.

Die Volvo E-Modelle

Bei der Betrachtung der E-Modelle muss man das klassische Automobil, wie es seit 1927 Jahren bei Volvo gebaut wurde, komplett neu denken. Die neue Bauart wirkt sich nicht nur auf den Antriebsstrang aus, es stehen auch andere Kriterien wie Sicherheit, Assistenzsysteme und Nachhaltigkeit auf der Argumentationsliste. Damit entfallen Begriffe wie Kraftstoffart, Hubraum und Verdichtung, stattdessen sind jetzt Batterieart, Batteriekapazität, Ladedauer und Reichweite wichtig. Auch Getriebe und Bremsen funktionieren anders als gewohnt. Es entfällt das manuelle oder automatische Schalten mehrerer Gänge und die Bremsen arbeiten zusätzlich elektronisch, die Feststellbremse oft sogar selbsttätig beim Aussteigen, längerem Halten, Anschluss mit Ladekabel oder vom Assistenten unterstützten Einparken.

Das SUV-Coupé: EC40 (C40)

Volvo stellte im März 2021 mit dem C40 das erste vollelektrisch betriebene Fahrzeug vor und startete die Produktion im Oktober 2021 in Gent. 2024 wurde dieses Modell in die Serie der E-Fahrzeuge übernommen. Es erhielt die neue Typbezeichnung EC40. Der EC40 basiert auf der CMA-Plattform und hat eine wenig eigenständige Karosserie, bei der vom XC40 die Frontpartie und die vorderen Türen übernommen wurden. Er wird auch als SUV-Coupé bezeichnet, womit sich das »C« in der Typbezeichnung

Bei seiner Vorstellung wurde das Design des neuen vollelektrischen SUV C40 mit dem legendären P1800 verglichen. Deshalb wurde der C40 auch als SUV Coupé bezeichnet.

rechtfertigen lässt. In der Werbung wurde er gerne neben dem P1800 gezeigt und dieses klassische Coupé als Inspiration für den neuen C40 genannt, was man aber nur mit viel gutem Willen nachvollziehen kann. Der verwendete Antriebsstrang kam aus dem Polestar 2 und dem XC40 Recharge. In der ersten Version waren zwei Elektromotoren am Werk und sorgten mit insgesamt 408 PS für permanenten Allradantrieb, einer für vorne, einer für hinten. Im Frühjahr 2022 kam ein Single-Motor mit 231 PS und Frontantrieb dazu, der im Herbst bereits von einem stärkeren Single-Motor mit Hinterradantrieb abgelöst wurde. Die letzte Änderung war im Frühjahr 2024 die Version Twin Motor Performance mit 441 PS. Die aktuellen Batterien haben eine nutzbare Kapazität von 79 kWh und sind mit einer Reichweite von bis zu 550 Kilometern angegeben, abhängig vom Fahrzeuggewicht.

Als reines Elektroauto wurde für den C40 das Sicherheitskonzept grundlegend neu angepasst. Eine spezielle Sicherheitsstruktur soll im Falle einer Kollision die Sicherheit der Fahrgäste und die Unversehrtheit der Batterie gewährleisten. Zusätzlich wird die Batterie durch einen Sicherheitskäfig geschützt, der aus einem Aluminium-Rahmen besteht und in die Mitte der Karosseriestruktur eingebettet ist. Dadurch entsteht eine Knautschzone um den Akku. Die Platzierung der Batterie im Fahrzeugboden hat den Vorteil, dass der Fahrzeugschwerpunkt sinkt, was wiederum das Risiko eines Überschlags verringert. Neu beim C40 ist auch der Nachhaltigkeitsaspekt. So wird für den Innenraum kein Leder mehr verwendet, stattdessen kommen zum Teil recycelte Kunststoffe zum Einsatz. Und ebenso neu ist der Online-Vertrieb bei diesem Modell, der nach und nach für alle elektrischen Volvos gelten wird. Bestellungen werden außer beim Händler auch online über die Webseite der Schweden angenommen. Der interessierte Kunde hat dazu online die Möglichkeit, das Fahrzeug zu konfigurieren, einen Händler zu suchen und eine Probefahrt zu vereinbaren.

Hier sind das große Glasdach und die beiden Windleitspoiler ober- und unterhalb der Heckscheibe des EC40 gut zu erkennen.

Von hinten wieder ein typischer Volvo. Noch steht an diesem Modell C40 am Heck, die Umbenennung in EC40 erfolgte 2024 ohne weitere Detailänderungen.

Modell:	Volvo EC40 Twin Motor Performance
Bauzeit:	seit 2021
Elektromotor:	2 Motoren
Leistung (PS/kW):	408/300 Gesamtleistung
Getriebe:	1-Gang-Automatik, AWD
Batterietyp:	Lithium-Ionen-Akkumulator
Batteriekapazität nutzbar:	79 kWh
Reichweite nach WLTP:	510–552 km
Bereifung:	235/50 R19 vorne 255/45 R19 hinten
Bremsanlage:	4 Scheibenbremsen und Bremsenergierückgewinnung
Radstand (mm):	2702
Länge x Breite x Höhe (mm):	4440 x 1873 x 1596
Karosserien:	5-türiges SUV-Coupé
Anzahl der Sitze:	5
Leergewicht (kg):	2185 kg
Höchstgeschwindigkeit:	180 km/h abgeregelt
Preis:	€ 60.290 (2024)
Weitere Getriebe:	Keine
Weitere Motoren:	Single Motor mit Hinterradantrieb

Die elektrischen SUV: EX30, EX40, EX90

Der Volvo **EX30** ist das erste Modell mit dem »E« in der Typbezeichnung. Er wurde im Juni 2023 vorgestellt und ab Dezember desselben Jahres ausgeliefert. Die Produktion erfolgt vorerst bei Geely in China, soll aber in 2025 ins belgische Werk in Gent verlegt werden. Der EX30 basiert wie der Smart #1 und #3 sowie Zeekr X auf der von Geely entwickelten SEA-Plattform und wird als das kleinste SUV von Volvo bezeichnet. Er ist in zwei Antriebsvarianten lieferbar. Ein hinten platzierter Single-Motor mit 272 PS sorgt für den Hinterradantrieb und erreicht damit je nach Batterieausstattung eine Reichweite von 476 Kilometern. Die Ausführung Twin Motor Performance treibt über zwei Motoren mit insgesamt 428 PS alle vier Räder an und kommt bei gleicher Batterie aufgrund des höheren Gewichts auf die etwas geringere Reichweite von 460 Kilometern. Alle Modelle arbeiten mit einem Einstufen Automatikgetriebe.

Bei den neuen vollelektrischen Fahrzeugen steht die Motorisierung nicht mehr so sehr im Vordergrund. Da die Fahrzeuge auf 180 km/h abgeregelt sind, sind Reichweite, Beschleunigung und Ladedauer mehr von Interesse. Zusätzlich wird großer Wert auf Assistenzsysteme, Infotainment und Nachhaltigkeit gelegt. So kann der EX30 über ein Smartphone aufgeschlossen werden. Seine Assistenzsysteme ermöglichen teilautomatisiertes Fahren, mit dem Parkassistent kann er selbständig in parallelen, senkrechten und diagonalen Parklücken einparken, Safe Exit warnt beim Öffnen der Türen vor Radfahrern. Mit dem »One-Pedal-Driving« kann mit dem Fahrpedal beschleunigt und gebremst werden. Ein weiteres System überwacht Augen- und Gesichtsbewegungen des Fahrers, um auf drohenden Sekundenschlaf hinzuweisen.
Das Infotainment ist Google-basiert. Durch die kleinere Bauweise der Elektromotoren ist auch ein vorderer Kofferraum möglich. Für die Instrumententafel, Türen-Innenverkleidungen, Sitzbezüge und die Teppiche werden bis zu 100 Prozent recycelte Materialien verwendet. Das Aluminium ist zu 17 Prozent recycelt, Stahl zu 25 Prozent.

Das breite Rücklichtband ist beim EX30 serienmäßig, die gelbe Farbgebung hebt sich angenehm vom Üblichen ab.

Der EX30 wurde 2023 als kleinstes SUV von Volvo vorgestellt und war das erste Fahrzeug, das offiziell mit der neuen Bezeichnung »E« auf den Markt kam.

Modell:	Volvo EX30 Single Motor
Bauzeit:	seit 2023
Elektromotor:	1 Motor hinten
Leistung (PS/kW):	272/200
Getriebe:	1-Gang-Automatik, Hinterradantrieb
Batterietyp:	Lithium-Eisenphosphat-Akkumulator
Batteriekapazität nutzbar:	51 kWh
Reichweite nach WLTP:	344 km
Bereifung:	225/55 R18
Bremsanlage:	4 Scheibenbremsen und Bremsenergierückgewinnung
Radstand (mm):	2650
Länge x Breite x Höhe (mm):	4233 x 1836 x 1555
Karosserien:	5-türiges SUV
Anzahl der Sitze:	5
Leergewicht (kg):	1840 kg
Höchstgeschwindigkeit:	180 km/h abgeregelt
Preis:	€ 37.990 (2024)
Weitere Getriebe:	Keine
Weitere Motoren:	Twin Motor, AWD

Der Volvo EX40 Recharge Pure Electric (Modelljahr 2024) bei den Volvo Pure Electric Testfahrten.

Der **EX40** kam bereits im Oktober 2020 als vollelektrische Variante des XC40 mit Twin-Motor, 408 PS und Allradantrieb ins Sortiment. Die Reihe der vollelektrischen XC40 wurde im Herbst 2021 um einen Single-Motor mit 231 PS und Vorderradantrieb ergänzt. Schon ein Jahr später wurde die gesamte Palette überarbeitet. Der Single-Motor leistet jetzt bis zu 253 PS und wirkt auf die Hinterachse, der Twin-Motor erhielt besonders verbesserte Batterien, was zu einer geringen Gewichtsabnahme und damit verbunden höheren Reichweite führte. Im Frühjahr 2024 wurde die Motorleistung dieses Modells noch mal auf 441 PS gesteigert und der XC40 wurde nun zum EX40. Auch hier arbeiten alle Modelle mit einem Einstufen Automatikgetriebe.

Die Ausstattung unterscheidet sich nicht vom XC40, der als Mild-Hybrid-Benziner weiterhin im Angebot ist.

Der Volvo **EX90** hat anders als der kleinere EX40 keinen vollelektrischen Vorläufer, der zur Umbenennung führte, sondern er ist eine optische und technische Überarbeitung des XC90 der zweiten Generation. Der neue steht auf der SPA-II Plattform, die er sich mit dem Polestar 3

Modell:	**Volvo EX40 Single Motor**
Bauzeit:	**seit 2022**
Elektromotor:	**1 Motor hinten**
Leistung (PS/kW):	**238/175**
Getriebe:	**1-Gang-Automatik, Hinterradantrieb**
Batterietyp:	**Nickel-Mangan-Cobalt-Akkumulator**
Batteriekapazität nutzbar:	**66 kWh**
Reichweite nach WLTP:	**435-497 km**
Bereifung:	**235/50 R19 vorne, 255/45 R19 hinten**
Bremsanlage:	**4 Scheibenbremsen und Bremsenergierückgewinnung**
Radstand (mm):	**2702**
Länge x Breite x Höhe (mm):	**4440 x 1873 x 1657**
Karosserien:	**5-türiges SUV**
Anzahl der Sitze:	**5**
Leergewicht (kg):	**2021 kg**
Höchstgeschwindigkeit:	**180 km/h abgeregelt**
Preis:	**€ 48.990 (2024)**
Weitere Getriebe:	**Keine**
Weitere Motoren:	**Twin Motor, AWD**

Der EX40 wurde aus dem XC40 umbenannt und hat noch nicht das für elektrische Volvos übliche Rücklichtband.

teilt. Äußerlich gibt es aerodynamische Anpassungen: Kühler und Felgen sind geschlossen, die Türgriffe versenkt. Das sorgt für einen besseren Luftwiderstand und weniger Außengeräusche im Innenraum. Der EX90 wurde bereits Ende 2022 vorgestellt, seine Auslieferung verzögerte sich und wurde jetzt auf Mitte 2024 terminiert. Er ist das größte vollelektrische SUV-Modell. Seine Antriebsbatterie hat eine nutzbare Kapazität von 107 kWh und kann damit in der Zwei-Motor-Version eine Reichweite bis zu 600 Kilometern erreichen. Zusätzlich schlägt er mit einer Ladeleistung von 250 kW fast alle seiner aktuellen Konkurrenten. Der EX90 ist auch der erste Volvo, der – via Wallbox – bidirektionales Laden ermöglicht: Wenn nötig, kann die Fahrzeugbatterie somit Strom ins Netz zurückgeben und dabei sogar Netzschwankungen ausgleichen.

Der EX90 kommt voraussichtlich Ende 2024 in Deutschland auf die Straße. Der Ladevorgang wird hier schon einmal demonstriert.

Hinten ein Rücklichtband, vorne »Thors Hammer«, so sieht die Beleuchtung am EX90 aus.

Modell:	Volvo EX90 Twin Motor Performance
Bauzeit:	ab Mitte 2024
Elektromotor:	2 permanentmagneterregte Synchronmotoren
Leistung (PS/kW):	517/380
Getriebe:	festes Übersetzungsverhältnis, AWD
Batterietyp:	Nickel-Mangan-Cobalt-Akkumulator
Batteriekapazität nutzbar:	107 kWh
Reichweite nach WLTP:	590 km
Bereifung:	21 265/45 H vorne, 21 295/40 H hinten
Bremsanlage:	4 Scheibenbremsen und Bremsenergierückgewinnung
Radstand (mm):	2985
Länge x Breite x Höhe (mm):	5037 x 1964 x 1744
Karosserien:	5-türiges SUV
Anzahl der Sitze:	5 bis 7
Leergewicht (kg):	2796–2811 kg
Höchstgeschwindigkeit:	180 km/h abgeregelt
Preis:	ab € 83.700 (2024)
Weitere Getriebe:	Keine
Weitere Motoren:	Single Motor, Hinterradantrieb

Von vorne betrachtet weist der ganz neue EM90 einige ungewohnte Elemente auf, wie etwa die vielen kleinen Leuchtpunkte und das beleuchtete Volvo-Logo.

Für den europäischen Markt sind drei Versionen vorgesehen: Neben einem Single-Motor mit Hinterradantrieb und 279 PS stehen zwei Versionen mit jeweils zwei separaten E-Motoren von 517 PS oder 408 PS Gesamtleistung auf der Liste. Mit einer Beschleunigung von 4,9 Sekunden für 0–100km/h in der stärkeren Version ist der 2,8 Tonnen schwere EX90 genauso schnell wie ein Porsche Boxster. Bei 180 km/h Geschwindigkeit ist allerdings Schluss, dann riegelt der Volvo ab.
Während der EX30 als kleinstes Volvo-SUV gilt, ist der EX90 genau am anderen Ende der Skala platziert. Er ist das größte vollelektrische SUV und hat den Anspruch, der sicherste Volvo aller Zeiten zu werden. Neben den bereits aus anderen Modellen bekannten Assistenz- und Sicherheitssystemen wird beim EX90 zusätzlich mittels Radar und Kameras die Umgebung abgetastet, wodurch auch kleine Hindernisse im Dunkeln aufspürbar sind. Außerdem kann die Software zum Beispiel erkennen, ob der Fahrer abgelenkt ist, eine Pause benötigt oder unter Alkoholeinfluss steht. Wird auf ein entsprechendes Warnsignal nicht reagiert, kann der Volvo im Notfall automatisch anhalten, das Warnblinklicht einschalten und am Straßenrand parken. Zur Bedienung des EX90 gibt es im Innenraum nur einen einzigen Drehregler, mit dem ein 15-Zoll-Touchpad angesteuert wird. Die technische Basis dazu liefern die Dienste von Google. Die Inneneinrichtung selbst ist wie auch schon beim EX30 größtenteils aus recycelten Materialien hergestellt.

Das Multi-Van: EM90

Im November 2023 sorgte Volvo für eine riesige Überraschung. Mit dem EM90 wurde in Shanghai ein Fahrzeug in einer Kategorie vorgestellt, die es noch nie bei Volvo gegeben hatte. Der als Multi-Van oder Multi-Purpose-Vehikel bezeichnete EM90 hat eine sehr markante Frontpartie und soll laut Volvo von Wolkenkratzern und moderner Kunst inspiriert sein. Die Scheinwerfer sind im mittlerweile Volvo-typischen Hammer-Design gehalten und das Firmenlogo ist in die Kühlerblende eingebettet und beleuchtet. Zum Innenraum mit sechs Sitzplätzen ge-

Von hinten ist der EM90 wieder ganz Volvo. Seit dem Duett hat es so ein großes, fast quadratisches Heck bei Volvo nicht mehr gegeben.

Zum Einsteigen gibt es Schiebetüren, auch das ist neu bei Volvo und durchaus praktisch.

langen die hinteren Passagiere über Schiebetüren, die Heckbeleuchtung wartet mit einem beleuchteten Volvo-Schriftzug und den typischen vertikalen Rückleuchten in neuer Interpretation auf. Wie auch schon die anderen elektrischen Volvos verfügt der EM90 über ein großes Paket an Assistenz- und Sicherheitssystemen. Schwerpunkt bei den ersten Ankündigungen ist allerdings der hohe Komfort und der behauptete Wohnzimmer-/Wohlfühlcharakter des Van. Dazu zählen ein 15,4 Zoll großer Infotainment-Bildschirm für den Fahrer und ein hochauflösender, im Dach montierter 15,6 Zoll-Bildschirm: »Ob Videostreaming für den Nachwuchs oder digitale Geschäftskonferenz, die Insassen im Fond haben alles im Blick«, so die Volvo PR-Aussage. Damit das Wohnzimmer auch perfekt wird, gibt es die optimale Ausstattung: »Auf Knopfdruck oder Sprachbefehl verwandelt sich der Volvo EM90 in ein Theater, einen Konferenzraum oder ein Schlafzimmer. Neben den Bildschirmen werden dann auch Sitze, Fenster, Klimaanlage und Beleuchtung entsprechend angepasst. Das High-Fidelity-Audiosystem von Bowers & Wilkins mit 3D-Sound und 21 Lautsprechern erzeugt auf Wunsch ein Ambiente wie in einem Konzertsaal.«

Zur technischen Seite sind die Informationen seitens Volvo bisher etwas sparsam. So sorgt ein 272 PS starker Elektromotor per Hinterradantrieb für eine Beschleunigung von 0 auf 100 km/h in 8,3 Sekunden. Die Batterie hat eine Kapazität von 116 kWh und stellt damit eine Reichweite von bis zu 738 Kilometern zur Verfügung (nach chinesischem Standard). Die Abmessungen lauten (Länge x Breite x Höhe in Millimetern) 5200 x 1980 x 1850, das Gewicht liegt bei 2763 Kilogramm.

Der neue Volvo ist ab sofort (Anfang 2024) in China für den dortigen Markt bestellbar, wann und ob er nach Europa und insbesondere nach Deutschland kommt, ist noch offen, genauso wie sein Preis, der sich wohl bei rund 100.000 Euro bewegen dürfte.

Bauzeit der E-Modelle

EC40 (C40)	**seit 2021**
EX30	**seit 2023**
EX40 (XC40)	**seit 2020**
EX90	**seit 2024**
EM90	**seit 2024**

Von Volvo zu Polestar

Der Name Polestar geht auf das schwedische Rennsportteam »Flash Engineering« zurück, das 1996 und 1997 auf Volvo 850 und in den folgenden Jahren immer wieder auf anderen Volvo-Modellen erfolgreich war. Das Team änderte seinen Namen 2005 in »Polestar Racing« und gewannen unter dieser Bezeichnung 2009 mit einem C30 die Swedish Touring Car Championship. Daraus entstand in Zusammenarbeit mit Volvo eine Art Tuningabteilung für Volvo, die gerne mit der Position von AMG zu Mercedes verglichen wird. Wegen des großen Interesses von Volvo am Namen Polestar verkaufte der Inhaber Christian Dahl den Namen und die damit verbundene Road Car Divison 2015 an Volvo. Dahl blieb aber weiterhin im Rennsport aktiv, jetzt unter dem Namen Cyan Racing. Neben Volvos werden auch vereinzelt Fahrzeuge anderer Hersteller und seit 2018 auch der Geely-Marke Lynk & Co im Rennsport eingesetzt.

Volvo hatte bereits seit 2010 leistungsgesteigerte Modelle mit dem Zusatz Polestar in der Typbezeichnung herausgebracht. Der erste war der V60, bei dem der Sechszylinder Polestar 329 statt 304 PS erreichte. Im Oktober 2017 gaben Volvo Cars und die Geely Holding dann bekannt, dass Polestar eine eigenständige Marke mit Schwerpunkt auf Elektroautos werden soll. Dies war aber keinesfalls das Ende von Volvo-Modellen mit dem Zusatz Polestar. Aktuell wird ein optisches und technisches Upgrade für die Modelle XC60 und S60 angeboten. Bei beiden handelt es sich um die Plug-in-Hybrid auf Benziner Basis, deren Motor 455 PS erreicht. Ein geändertes Fahrwerk, 19 Zoll-Felgen, Bremssättel in Gold und Schriftzüge an Heck und Kühlergrill »Polestar Engineered« sind die hauptsächlichen Kennzeichen. Außerdem gibt es 2024 für beide Modelle eine Limited Edition, bei der die Fahrzeuge in einer Vollfolierung in den Farben »Matte Silver« und »Matte Indigo« erhältlich sind.

Für die eigenständige Marke Polestar wurde das ambitionierte Ziel formuliert, »die Gesellschaft durch den Einsatz von Design und Technologie zu verbessern, um den Übergang zu einer nachhaltigen Mobilität zu beschleunigen«. Auf dem Weg zu diesem Ziel wurden mehrere Konzeptfahrzeuge und Design-Studien vorgestellt, die auch in nachfolgenden Modellen realisiert wurden oder geplant sind. Die Polestar-Modelle sind mit allen zurzeit möglichen Sicherheits-, Komfort- und Nachhaltigkeit-Features ausgestattet. Neben den Serien-Fahrzeugen, die von 1 bis 6 durchnummeriert werden, gibt es das Polestar 0-Projekt mit dem ambitionierten Ziel, bis 2030 ein wirklich klimaneutrales Serienauto zu entwickeln.

Eine Besonderheit ist auch der Verkauf der Polestar-Fahrzeuge. Es gibt in Deutschland aktuell 8 »Polestar Spaces«, die einem Showroom entsprechen. Dort kann der Interessent die Modelle besichtigen, Testfahrten buchen und nach Kaufabschluß eine Fahrzeug-Übergabe terminieren. Service und Reparaturen erfolgen dann durch Volvo-Werkstätten.

Die Polestar-Modelle

Anders als bei Volvo kann man die Art des Fahrzeugs bei Polestar nicht an seiner Typbezeichnung erkennen. Die Modelle werden einfach durchnummeriert, beginnend beim Polestar 1 und aktuell endend beim für 2026 angekündigten Polestar 6.

Polestar 1

Im Oktober 2017 wurde das erste Fahrzeug unter der Marke Polestar in Shanghai der Öffentlichkeit vorgestellt: der Polestar 1, ein zwei+zwei-Sitzer Coupé. Die Ähnlichkeit mit dem Volvo Concept Coupé von 2013 ist sehr groß und auch technisch baut das Fahrzeug auf der 2014 im Volvo XC90 eingeführten SPA-Plattform auf. Angetrieben wird das Plug-in-Hybrid-Coupé von einem Zweiliter-Vierzylinder-Benzinmotor mit 309 PS in Kombination mit einem 68 PS starken Startergenerator an der Vorderachse sowie zwei zusammen 232 PS starken Elektromotoren, die jeweils ein Hinterrad antreiben. Im rein elektrischen Fahrmodus beträgt seine Höchstgeschwindigkeit 160 km/h und die Reichweite liegt bei rund 130 Kilometern. Im kombinierten Fahrmodus erreicht der Polestar 1 eine Höchstgeschwindigkeit von 250 km/h und wird nicht wie die Volvo-Modelle auf 180 km/h abgeregelt.

Zu diesen technischen Daten gesellt sich der generelle Anspruch von Polestar an seine Fahrzeuge, der sich wie folgt liest: »Bei diesem Auto ging es uns von Anfang an darum, die Grenzen des bislang Machbaren zu verschieben und ein innovatives Zeichen zu setzen: als ein eigenständiges Kunstwerk und eine neuartige Plattform für den kreativen Ausdruck.« Umgesetzt wird dies neben den generell vorhandenen Sicherheits- und Umwelt-Features dadurch, dass fast die gesamte Karosserie aus kohlefaserverstärktem Kunststoff besteht und mit einem

Der Polestar 1 hatte eine deutlich an Volvo angelehnte Frontgestaltung, was man insbesondere an Kühlergrill und Scheinwerfern erkennen kann.

Spezialkleber mit dem stählernen Chassis verbunden ist. Das erhöht die Torsionssteifigkeit des Fahrzeugs um 45 Prozent. Für die Optik verbirgt sich im Kofferraum hinter einer kratzfesten Plexiglasscheibe das orangefarbene Hochspannungskabel, das die beiden Hinterachsmotoren und den Touchscreen, über den sich alle Systeme des Fahrzeugs bedienen lassen, mit Strom versorgt.
Seit März 2018 konnten Kunden den Polestar 1 vorbestellen. Dazu musste man sich mit einer Anzahlung von 2.500 Euro einen Platz auf der Warteliste sichern. Denn es war eine Jahresproduktion von nur 500 Autos geplant, die nach drei Jahren und 1500 Fahrzeugen planmäßig eingestellt wurde. Der Preis für das 600-PS-Sportcoupé lag bei 155.000 Euro. Zum Abschluss gab es 25 Exemplare einer in gold lackierten Special Edition.

Auch die Rückseite passt ins Volvo-Design, obwohl die Rückleuchten noch kein durchgehendes Lichtband bilden.

Die letzten 25 Exemplare des Polestar 1 wurden als Sonderedition im Farbton Gold ausgeliefert.

Wie bei den Schweden üblich, wird auch der elektrische Polestar 2 bei extremer Kälte getestet.

Beim Polestar 2 entspricht das breite Rücklichtband dem aktuellen Stand des Designs.

Polestar 2

Im Februar 2019 wurde die viertürige Fließheck-Limousine Polestar 2 vorgestellt, die auf der CMA Plattform des Volvo XC40 basiert. Die optische Nähe zu einem Volvo-Modell ist nicht mehr ganz so deutlich wie beim Vorgänger Polestar 1, Hauptmerkmal sind die Scheinwerfer im »Thors Hammer«-Design. Die ersten Auslieferungen im Juli 2020 mit der Bezeichnung »Launch Edition« verfügten über zwei Elektromotoren, die zusammen 408 PS leisteten und jeweils die Vorder- bzw. Hinterräder antrieben. Der damit Allrad-angetriebene Wagen brachte es auf eine Höchstgeschwindigkeit von 205 km/h. Gegen Aufpreis war ein Upgrade auf 467 PS lieferbar, das vor allem der Beschleunigung zu Gute kam. Ab 2021 war dann eine Version mit Single-Motor mit 224 PS lieferbar. Damit wurden die Vorderräder angetrieben und brachten den Polestar auf 160 km/h. Diese Variante gab es als Standard Range und Long Range, wobei der Unterschied – der Name verrät es – in der Reichweite lag. Bereits ein Jahr später wurde der Standard Range dem Long Range in der Leistung angepasst und in 2023 wurden beide Varianten auf Hinterradantrieb umgestellt. Auch der Dual-Motor erhielt 2023 eine Leistungssteigerung auf 421 PS, im Upgrade auf 476 PS. Zusätzlich gab es leichte äußerli-

Der Polestar 3, das erste SUV dieser Marke, zeichnet sich durch das große Glasdach und den oben angesetzten Heckspoiler aus.

che Veränderungen im Design, die hauptsächlich den Kühlergrill und die Scheinwerfer betrafen.

Der Polestar 2 ist mit dem schon vom Volvo EX30 bekannten One-Pedal-Drive-System ausgerüstet. Er ist das erste Fahrzeug weltweit, dessen Infotainmentsystem auf dem Betriebssystem Android Automotive basiert.

Preislich ist der Polestar 2 weit unterhalb seiner Vorgänger angesiedelt und lag in der ersten Auslieferung bei 57.900 Euro, in der sparsamsten Version ist er aktuell (2024) schon ab 46.275 Euro zu haben.

Beim Polestar 3 wird das Lichtband noch schmaler, was aber kaum über die massive Erscheinung des SUV hinwegtäuschen kann.

Polestar 3

Der Polestar 3 ist das erste Elektro-SUV der Marke. Er wurde im Oktober 2022 in Kopenhagen für den weltweiten Markt vorgestellt und orientiert sich an der Volvo Concept Recharge Studie eines elektrischen Crossovers. Der Wagen wird zunächst seit Februar 2024 im chinesischen Chengdu gefertigt und teilt sich die SPA-II-Plattform mit Volvos neuem SUV EX90. Er wurde jedoch niedriger und mit Coupé-artiger Dachlinie gestaltet und erhielt an Motorhaube und Heck integrierte Flügel, die die Luftströme teilen und so die Aerodynamik verbessern sollen. Außerdem verfügt er über ein Panorama Glasdach über die gesamte Fahrzeuglänge, wodurch in den Innenraum besonders viel Licht eingelassen wird. Ausgestattet ist der Polestar 3 mit zwei Elektromotoren, jeweils an der Vorder- und Hinterachse, die zusammen 490 PS leisten und den Wagen mit Allradantrieb auf 210 km/h bringen. Zusätzlich ist ein Upgrade auf 517 PS möglich, was auch hier hauptsächlich der Beschleunigung dient und den 2,5 Tonnen schweren Wagen zu einem Wert von 4,7 Sekunden beim Sprint von 0 auf 100 km/h verhilft.

In der Ausstattung sind neben den bei Polestar üblichen Features für Sicherheit und Umwelt eine Wärmepumpe für das Innenraumklima, bidirektionales Laden, eine Zweikammer-Luftfederung und Brembo-Bremsen erwäh-

Das SUV Coupé Polestar 4 zeigt ein auffälliges Design-Merkmal bereits an der Front: Die Scheinwerfer sind längs unterteilt.

nenswert. Außerdem ist der Polestar 3 das erste Fahrzeug des Herstellers, das mit einem neuen Zentralrechner ausgestattet ist. In dieser Hardware laufen alle Daten der fünf Radarmodule, fünf Kameras und zwölf Ultraschallsensoren zusammen. Das bietet die Basis für neue Fahrassistenten, die zum Beispiel zukünftig autonomes Fahren auf Autobahnen ermöglichen sollen. Die eingebaute Rechenleistung soll schon beim Serienstart für automatische Spurwechsel ausreichend sein.
Der Polestar 3 soll ab 2024 ausgeliefert werden, ist bereits in den »Spaces« zu besichtigen und zu bestellen und kostet in der Basisversion 85.590 Euro.

Polestar 4

Bereits im April 2023 wurde der Polestar 4, ein Performance SUV Coupé, in Shanghai vorgestellt. Er unterscheidet sich auf den ersten Blick nicht sehr von seinem Vorgänger Polestar 3, bei näherem Hinsehen entdeckt man jedoch auffällige Details. So sind die vorderen Scheinwerfer längs unterteilt und der Wagen hat kein Heckfenster. Mit einer HD-Kamera wird das Geschehen hinter dem Auto auf ein Display in Form des Innenspiegels übertragen. Diesen Innenspiegel kann man auch umstellen, so dass man ins hintere Abteil des Wagens sieht und die dort sitzenden Mitfahrer im Blick behält.
Der Polestar 4 basiert auf der SEA-Plattform und ist in der Beschleunigung das bislang schnellste Serienfahrzeug der Marke. Im Hinblick auf Größe und Preis wird er zwischen Polestar 2 und Polestar 3 positioniert. In seinen Abmessungen entspricht er inetwa dem Polestar 3, wobei jedoch der längere Radstand von 2.999 Millimetern und die geringere Höhe von 1.544 Millimetern auffällig sind. Zum Antrieb werden zwei verschiedene Varianten angeboten. Der Long Range Single Motor sorgt mit 272 PS für den Hinterradantrieb und erreicht eine Spitze von 200 km/h bei einer Reichweite von 610 Kilometern. Beim Long Range Dual Motor ist jeweils ein Elektromotor vorne und hinten verbaut, die zusammen jetzt 544 PS an den Allradantrieb liefern. Das geht auf Kosten der Reichweite, bringt aber eine Beschleunigung von 3,8 Sekunden von 0 auf 100 km/h.
Der Verkauf in Europa und Australien startete im Januar 2024. In Deutschland stehen die ersten Modelle bereits in den Spaces und sollen ab August 2024 ausgeliefert werden. Der Preis beginnt bei 61.900 Euro.

Hier sieht man besonders gut die neue abgerundete Formsprache und den Verzicht auf ein Heckfenster des Polestar 4.

Polestar 5

Der Polestar 5 soll im Jahr 2025 auf den Markt kommen. ANgekündigt ist eine viertürige Luxuslimousine, die etwa mit dem Audi e-tron GT oder dem Tesla Model S konkurriert. Der neue Polestar orientiert sich optisch stark am Konzeptfahrzeug Precept. Von der technischen Seite ist eine neue Aluminium-Plattform vorgesehen, die für ein geringeres Gewicht und damit verbesserte Fahreigenschaften und eine höhere Reichweite sorgt. Andererseits wird auch überlegt, die Reichweite auf 500 Kilometer zu begrenzen, um eine leichtere Batterie zu ermöglichen.

Wahrscheinlich wird der Polestar 5 mit einer Zweimotoren-Ausrüstung angeboten, ähnlich dem Antrieb des Polestar 3. Die Fahrleistungen damit könnten durch das geringere Gewicht des Polestar 5 deutlich besser ausfallen als beim »3«. Eine deutliche Aussage zum Preis liegt bisher (Frühjahr 2024) nicht vor, er wird sich wohl um 120.000 Euro bewegen.

Der Polestar 5 trägt auch die geteilten Scheinwerfer und benutzt statt der Außenspiegel Kameras.

Polestar 6

Mit dem Polestar 6 geht man wieder in eine neue Richtung. Er ist als zwei+zwei-sitziger Roadster mit einem Klapp-Hardtop geplant und als »alltagstauglicher Sportwagen für das Elektrozeitalter« konzipiert, der mit vergleichbaren Modellen von Porsche konkurrieren soll. Er orientiert sich am vom Precept etablierten Design und wurde bereits 2022 in einer Studie als Polestar O_2 Concept Car vorgestellt.

Die Angaben zur Technik werden von Polestar noch als Zielvorgaben genannt: Als Antriebsstrang ist ein Dual Motor mit 884 PS vorgesehenmit einer Höchstgeschwindigkeit von 250 km/h. Mit der Beschleunigung von 0 auf 100 km/h in 3,2 Sekunden wird wieder ein neuer Bestwert für einen Polestar erreicht. Um eine optimierte Aerodynamik zu erreichen, verzichtet man auf Flügel oder Spoiler. Stattdessen sind Lufteinlasskanäle in den Radläufen und Rückleuchten integriert, die gleichzeitig als Luftleitvorrichtungen dienen. Die Karosseriekomponenten bestehen aus verschiedenen eloxierten Aluminiumsorten, die nahtlos zu einem selbstragenden Unibody verklebt und im Ofen ausgehärtet werden. Dadurch wird ein günstiges Verhältnis aus Festigkeit und Masse erreicht und die miteinander verklebten Aluminiumkomponenten ermöglichen auch eine flexible Anpassung an verschiedene Radstände. Mit dieser Karosseriebauweise werden einige Konstruktionsmerkmale weitergeführt, die auch schon beim Polestar 5 zum Einsatz kamen.

Die ersten 500 Fahrzeuge werden als exklusive und nummerierte Polestar 6 LA Concept edition angeboten, die 2026 ausgeliefert werden soll, aber bereits ausverkauft ist. Man kann sich aber weiterhin in eine Warteliste eintragen lassen für den Fall, dass ein vergebenes Auto wieder frei wird. Der Richtpreis des Polestar 6 liegt bei 200.000 US Dollar.

Auch beim Polestar 5 fehlt das Heckfenster und für das Lichtband wurde eine neue Form gefunden.

Der Polestar 6 LA Concept edition bei seiner Vorstellung.

Das große Glasdach lässt selbst den geschlossenen Polestar 6 sehr offen erscheinen.

Allrounder aus Göteborg: Das Programm des Volvo-Konzerns umfasst in den 1970er-Jahren neben den in diesem Buch behandelten Pkw auch Lkw, Autobusse, Baumaschinen und sogar Bootsmotoren.

Elvens Busstrafik
Globetrotter
SL

Glossar

Allgemeine Begriffe

Android Automotive ist eine Variante von Googles Betriebssystem Android, die für die Anwendung in Instrumententafeln von Fahrzeugen angepasst ist. Automobilhersteller können eine individuell angepasste Version in ihren Fahrzeugen ausliefern. Neben Infotainment-Aufgaben wie Mobilkommunikation, Navigation und der Wiedergabe von Musik werden auch fahrzeugspezifische Funktionen wie die Klimaanlage gesteuert.

Bidirektionales Laden. Beim bidirektionalen Laden kann Strom in zwei Richtungen fließen: Zunächst aus dem Netz in einen Speicher – und anschließend wieder aus ihm heraus, zurück ins Netz.

Bifuel, auch bi-fuel geschrieben, bedeutet, dass ein Fahrzeug auf zwei verschiedene Kraftstoffarten zurückgreifen kann. So ist es beispielsweise sehr häufig möglich, sein Benzinauto mit einem zusätzlichen Gastank auszustatten und so zeitweise oder auch primär mit Gas zu fahren.

Common-Rail Diesel. Bei diesem Diesel sind alle Einspritzdüsen über ein Verteilerrohr mit einer einzigen Hochdruckpumpe und untereinander verbunden. Bei der herkömmlichen Pumpe-Düse-Einspritzung hat jede Einspritzdüse eine eigene Pumpe, die separat von der Nockenwelle angesteuert wird. Die Vorteile dieses Systems sind: reduzierter Kraftstoffverbrauch durch hohe Effizienz, verringerter Schadstoffausstoß, geräuscharmer Betrieb, ruhiger Motorlauf, hohes Drehmoment und hohe Leistung und einfaches Freibrennen von Partikelfiltern durch Nacheinspritzung.

Euro 6d-TEMP ist eine Abgasnorm, die einem Diesel auf der Straße den 2,1-fachen NOx-Ausstoß im Vergleich zum Prüfstand zu gesteht. Wenn das Auto im Labor also 80 mg/km ausstößt, dürfen es auf der Straße 168 sein. Diese Norm wurde im September 2017 für neue Typgenehmigungen eingeführt und gilt seit September 2019 für alle Neuzulassungen.

Ethanol-Kraftstoffe. sind Ottokraftstoffe mit unterschiedlich hohen Anteilen an Ethanol. Die Gemische werden nach dem Anteil von Ethanol im Benzin bezeichnet, z. B. E85 mit 85 % Ethanol. Das in Deutschland bei seiner Einführung zunächst kontrovers diskutierte E10-Gemisch mit 10 % Ethanol oder das Gemisch aus Benzin mit nur geringer Ethanol-Beimischung (E5 mit 5 % Ethanol) wird unverändert als Benzin bezeichnet.

Flexible Fuel Vehicle (FFV) – zu Deutsch etwa »an den Kraftstoff anpassungsfähiges Fahrzeug« – sind Fahrzeuge, die mit Benzin, den Alkoholen Methanol und Ethanol sowie beliebigen Mischungen dieser drei Kraftstoffe betrieben werden können. Dabei werden Gemischbildung und Zündung an die jeweiligen Kraftstoffe angepasst, Sensoren zur Ermittlung des aktuellen Alkoholgehalts im Kraftstoff verwendet und alkoholresistente Materialien im Kraftstoffkreislauf verwendet. Vorreiter in Europa in der Beimischung von Ethanol ist Schweden. Dort wird inzwischen ebenfalls Ethanolkraftstoff E85 angeboten. Volvo bot die Modelle C30, S40, S80, V50 und V70 als Flexi Fuel Vehicle an.

Lithium-Ionen-Akkumulator oder Lithium-Akkumulator ist der Sammelbegriff für Akkumulatoren auf der Basis von Lithium-Verbindungen in allen drei Phasen der elektrochemischen Zelle. Die reaktiven Materialien – der negativen und der positiven Elektrode und des Elektrolyten – enthalten Lithiumionen. Mittlerweile sind sie in fast allen Bereichen anzutreffen. Sie dienen bei der Elektromobilität als Energiespeicher für Pedelecs, Elektroautos, moderne Elektrorollstühle und Hybridfahrzeuge. Bei Elektrofahrzeugen wurden 2009 mindestens 1.000 bis etwa 3.000 Lade- und Entladezyklen angegeben und 1.000 bis 1.750 Zyklen (2020) nachgewiesen. Ende 2019 geht man von 2.000 Zyklen aus.

Lithium-Eisenphosphat-Akkumulator. Dieser ist eine Ausführung eines Lithium-Ionen-Akkumulators mit einer Zellenspannung von 3,2 V bis 3,3 V. Die positive Elektrode besteht aus Lithium-Eisenphosphat anstelle von herkömmlichem Lithium-Cobalt(III)-oxid. Die negative Elektrode besteht aus Graphit mit eingelagertem Lithium. Ein solcher Akkumulator hat gegenüber dem herkömmlichen eine geringere Energiedichte, neigt aber nicht zu thermischem Durchgehen, allerdings können bei Überhitzung, beispielsweise zufolge mechanischer Beschädigungen, brennbare Gase aus dem Akkumulator austreten die mit einer externen Flamme an Luft entzündbar sind. Seine Vorteile: -Hohe Ladeströme sind möglich, -teilweise hohe Leistungsdichte, -hohe Zyklenfestigkeit, dadurch lange Lebensdauer und günstige Betriebskosten, -hoher elektrischer Wirkungsgrad für einen Gesamtzyklus aus Ladung und Entladung, -geringere Empfindlichkeit auf Tiefentladung, -weiter Temperaturbereich für Lagerung (üblicher Bereich: –15 bis +60 °C), -bessere Umweltverträglichkeit und Ressourcenschonung durch den Verzicht auf Kobalt.

Mild-Hybrid. Die einfachste Form der Hybridisierung. Ein kombinierter Startergenerator erzeugt einerseits beim Rollen und Bremsen Strom, der in einer Batterie gespeichert wird, und unterstützt andererseits als Elektromotor bei Bedarf den Verbrennungsmotor.

Nickel-Mangan-Cobalt-Akkumulator. Ein NMC-Akkumulator, umgangssprachlich meist NMC-Batterie genannt, ist ein Typ eines Lithium-Ionen-Akkumulators. Wie alle Akkumulatoren dient er dazu, elektrische Energie zu speichern und wieder abzugeben. Der Unterschied liegt hauptsächlich in der chemischen Zusammensetzung auf der positiven Elektrode. NMC-Zellen und -Akkus können sehr langlebig sein. Eine auf umfangreichen Tests beruhende Abschätzung besagt, dass ein Elektroauto mit einem Akku, der mehrere tausende Male ge- und entladen wird, über 1,6 Millionen Kilometer zurücklegen könne, wenn es mit einem NMC-Akku des Typs LiNi0.5Mn0.3Co0.2O2/ Graphit angetrieben wird. Manche Typen sind dabei auch für Schnellladen geeigneter. NMC-Akkus finden sich in den meisten Pedelec-Batterien und auch in den meisten Elektroautos. Bis 2018 waren in China, dem weltgrößten Markt für Batterie-Elektroautos, ungefähr drei Millionen dieser Fahrzeuge verkauft worden. 77 % der Gesamtkapazität der Akkus dieser Autos beruhten auf NMC.

One-Pedal-Driving. Beim One Pedal Driving beschleunigt und bremst man mit nur einem Pedal – dem Gaspedal. Das Abbremsen des Fahrzeugs geschieht, indem der Fuß vom Pedal genommen wird. Bei vielen Elektroautos, die das One Pedal Driving beherrschen, kommt das Auto bei der Freigabe des Gaspedals ganz zum Stillstand. Bei anderen Autos kann mithilfe des Aktivierens einer besonderen Funktion bzw. des Einlegens eines bestimmten Gangs die Rekuperation so hoch eingestellt werden, dass das Auto stark abbremst - es kommt aber nicht zum Stillstand. Bei diesen Fahrzeugen muss die Bremse für den Stillstand, etwa an Ampeln oder Kreisverkehren, betätigt werden. Wichtig: Notbremsungen werden nach wie vor mit dem Bremspedal durchgeführt.

Overdrive. Im engeren Sinn bezeichnet man mit Overdrive ein dem gewöhnlichen Getriebe nachgeschaltetes Planetengetriebe in einem eigenen Gehäuse, das elektrisch oder manuell – meistens zum dritten und vierten Gang – zugeschaltet wird. Dabei reduziert der Overdrive bei gleichbleibender Ausgangsdrehzahl und Fahrgeschwindigkeit die Eingangsdrehzahl – und somit die Motordrehzahl. Diese Drehzahlabsenkung kann bei 130 km/h in der Größenordnung von 1000/min liegen. Durch die reduzierte Kolbengeschwindigkeit werden die Belastungen des Triebwerks verringert. Geräuschkulisse und Kraftstoffverbrauch können so ebenfalls gesenkt werden, jedoch sinkt die in der Ebene erreichbare Höchstgeschwindigkeit. In den 1950er und 1960er Jahren wurde das Overdrive-Getriebe insbesondere von Volvo und englischen Herstellern häufig verwendet.

PHEV. Abkürzung für den englischen Begriff Plug-in Hybrid Electric Vehicle.

Plug-in-Hybrid. Ein Kraftfahrzeug mit Hybridantrieb, dessen Antriebsbatterie sowohl über einen Verbrennungsmotor als auch über einen Stecker am Stromnetz aufgeladen werden kann.

Rekuperation. Diese Technologie ermöglicht es, Bewegungsenergie, die während des Bremsens erzeugt wird, in Strom umzuwandeln, anstatt sie in Form von Wärme in den Bremsen zu verlieren.

Shift-by-wire. Diese Technik wird in Automatikgetrieben eingesetzt. Es ist ein System, bei dem die verschiedenen Fahrmodi (Drive, Reverse, Park, Neutral, Sport etc.) elektronisch zugeschaltet werden können. In der Praxis bedeutet dies, dass ein Schalthebel nicht benötigt wird. Mit einem Knopfdruck wird der Fahrmodus festgelegt, den Rest erledigt das Auto: Das System sendet ein Signal an den Getrieberechner der wiederum dafür sorgt, dass das Getriebe die richtige Aktion ausführt. Die Mechanik beschränkt sich also auf das Getriebe selbst.

Variomatic. DAF bezeichnet so sein stufenlos stellbares vollautomatisches Getriebe, eine Bauform des CVT-Getriebes (Continuously variable transmission) als Riemengetriebe. Das Prinzip ist simpel: Es gibt sowohl am Motor als auch am Hinterrad ein Riemenscheibenpaar. Zwischen je zwei konischen Reibscheiben, von denen jeweils eine in axialer Richtung verschiebbar ist, sitzt der Keilriemen. Im hinteren Scheibenpaar werden die beiden Scheiben durch eine Spiralfeder gegeneinander gedrückt, das heißt, der Abstand zwischen den beiden Scheiben ist klein, wodurch der Riemen gezwungen ist, ganz außen bzw. oben zwischen den beiden Scheiben zu sitzen. Da sich der Riemen nicht dehnt, zwingt er die beiden vorderen Scheiben auseinander (da ja kein Längenausgleich möglich ist). Somit ergibt sich vorne ein kleiner, wirksamer Durchmesser und hinten ein großer = großes Übersetzungsverhältnis. Also so etwas wie ein 1. Gang. Wenn die Motordrehzahl steigt, werden Fliehkraftgewichte in Form von Rollen, die sich in einer der beiden vorderen Variomatikscheiben befinden, nach außen gedrückt. Die Scheibe wird daraufhin in axialer Richtung bewegt, wodurch der Abstand zwischen den beiden Scheiben kleiner und damit der wirksame Durchmesser grösser wird. Und da das Ganze stetig passiert, wird eben ein stufenloses Übersetzungsverhältnis erreicht. Aktuell werden Riemenvariomatic-Getriebe z.B. in Motorrollern, Quads bzw. ATVs, Schneemobilen und Ständerbohrmaschinen eingesetzt.

WLTP. Die Abkürzung steht für Worldwide Harmonized Light-Duty Vehicles Test Procedure. Das Verfahren zur Reichweitenermittlung arbeitet mit einem längeren Testzyklus mit mehr Beschleunigungs- und Bremsanteilen, höheren Geschwindigkeiten und kürzeren Standzeiten. Zusätzlich werden Sonderausstattungen für Gewicht, Aerodynamik und Eigenverbrauch sowie die Vorgabe einer Außentemperatur von 23° berücksichtigt.

Volvo-spezifische Begriffe

CMA-Plattform. Die »Compact Modular Architecture« wurde mit dem Volvo XC40 in 2017 vorgestellt. Die CMA Plattform wird auch im 2021 vorgestellten Volvo C40 sowie von Polestar im Polestar 2 und von LYNK & Co Modell 01 verwendet. Wesentlicher Unterschied zur SPA Plattform ist neben der geringeren Größe auch die Möglichkeit, rein elektrisch angetriebene Fahrzeuge hierauf produzieren zu können.

Geartronic – Automatikgetriebe. Geartronic ist der Name von Volvo für sein manuelles Automatikgetriebe. Es ist als 4-, 5-, 6- und 8-Gang-Modell erhältlich und wird von einem Mikroprozessor gesteuert. Der Mikroprozessor schaltet automatisch in den nächsten Gang, wenn ein Benutzer im manuellen Modus den Motor abschaltet. Manuelles Schalten ist mit dem Schalthebel im manuellen Modus möglich. Der Schalthebel kann auch wie jedes andere Automatikgetriebe verwendet werden, bei dem das Getriebe automatisch schaltet.

SEA-Plattform. Die nächste Plattform (als Nachfolger der SPA-Plattform) wird als SEA (Sustainable Experience Architecture) bezeichnet und startete 2023 mit dem EX90. Als Besonderheit kann hier die Tatsache hervorgehoben werden, dass es sich ähnlich der CMA-Plattform um eine BEV-fähige Plattform handelt, d.h. es wird voraussichtlich keine reinen Verbrennermotorisierungen mehr geben.

SIPS. Side Impact Protection System (Seitenaufprallschutz) ist ein von Volvo entwickeltes Sicherheitskonzept im Automobilbau. Es ist seit dem Modelljahr 1992 Bestandteil der Standardausstattung bei jedem neuen Volvo. Das System besteht aus einer verstärkten B-Säule, verstärkten Seitenschwellern und zusätzlichen Verstrebungen im Fahrzeugdach und Fahrzeugboden. Zusätzlich wurden energieabsorbierende Strukturen in die Türen und die Mittelkonsole eingebaut. In den Türen wurden zusätzliche Querträger aus hochfestem Stahl eingebaut und Hohlräume mit bienenwabenartigen Kunststoffblöcken ausgefüllt. Zusammen mit den verstärkten Sitzkonsolen der Vordersitze wird so die Aufprallenergie bei einem Seitenaufprall gezielt in die Fahrzeugstruktur gelenkt, um die Insassen zu schützen. Dabei ist die Mittelkonsole gezielt darauf ausgelegt, gestaucht zu werden, um ein seitliches Verschieben der Vordersitze zu ermöglichen und die auf den Insassen einwirkenden Kräfte zu minimieren.

SPA-Plattform. Die »Scalable Plattform Architecture« wurde mit dem Volvo XC90 in 2015 vorgestellt. Alle aktuellen Fahrzeuge der 60er und 90er Baureihe sowie der Polestar 1 basieren auf dieser Plattform und sind dementsprechend technologisch sehr eng verwandt.